U0294671

Strategy and Practice of Micro-renewal of

Community Public Space

社区
公共空间微更新
策略与实践

王思元　王向荣　著

中国建筑工业出版社

序

社区是城市生活的基本单元，它是人们在一定的空间范围内进行社会生活的共同体。社区公共空间是人们广泛参与和使用的主要交往场所，是社区公共生活的重要载体。

中国古代城市规划源于礼制和礼法。城市的空间层次体系呈现出清晰的结构，同时又明确地反映出社会等级和秩序。在这样的秩序下，凝结着顺应自然和民生需求的智慧营城方法以及城市公共空间中的地域文化特色，实现天人合一的理想人居环境，又不乏烟火气息。

欧洲是现代城市规划思想的起源地，伴随着早期工业化进程带来的公共环境问题、贫民窟问题、工人阶级住房问题等一系列复杂的社会问题，社区规划作为一种规划治理手段，将具有共同工作属性、生活习惯的人群聚集到一起，能够更好地服务社会管理、促进城市良性发展。

在新中国成立初期，为了能够快速地把一个落后的农业国变为先进的工业国，实现强国、自立的目标，国家选择优先发展重工业，城市建设多为直接引进西方城市规划理论与实践经验，少有思想或价值体系的深入研究。国内开始出现社区规划实践，建设了一批工业型社区大院、职工配套住宅，但多为自上而下的配给化，缺乏自下而上的社区治理。

20 世纪末，我国初步建立了社会主义市场经济体制，房地产业开始蓬勃发展，出现了商品房。1994 年，建设部发布《城市新建住宅小区管理办法》（建设部令第33 号），提出住宅小区应当逐步推行社会化、专业化的管理模式，引入物业公司，分担政府在社区管理过程中的工作，社区的维护也能够得到良好的保障。而在住房制度改革之前，由政府、单位出资建设的居住区，与改革之后建设的居住区相比，从房屋基础设施到管理维护力度，大多跟不上时代的步伐，仍需政府部门投入大量的资金进行支撑，成为城市更新工作的重要对象。

如今，城市更新已成为城市发展的主旋律。高密度、高流动性及陌生化的城市生活环境映射到社区空间中，形成了各种矛盾的聚焦点。老旧小区的社区公共空间成为停车、晾晒、闲置物品堆放、居民休闲游憩等各种需求抢夺的空间，公共空间不足，品质低下，严重影响着居民的归属感与幸福感。大量社区迫切需要更新，在有限的空间内进行在地设计，构建具有复合功能的公共空间，为居民营造有温度的生活场景。

在这样的背景下，作者作为 2019 年北京市海淀区第一批责任规划师高校合伙人，开展了北京市海淀区责任规划师"1+1+N"制度的相关工作。本着上述目标，作者深度参与并完成了相关的社区公共空间更新实践。本书将这些实践进行整理，从社区公共空间更新内容与治理两个方面，形成总结和思考，与读者分享与探讨。

社区更新实践是多视角、多维度的，范式的总结仅仅能够实现社区公共空间的基本达标，但解决不了创新和变革问题。在未来的社区更新工作中，仍需广大参与者随机应变、创新而为。另外，社区治理很难一蹴而就，需要长期扎根社区基层，了解居民意愿，获得居民信任，达成共识，才能走向共同治理，实现良好的更新成效与长期维护。

最后，感谢为本书内容付出贡献的各位同仁，希望中国的社区更新能够走出自己的特色道路，多元发展。

2022 年 12 月

前言

　　城市承载了大量居住人口与生产、生活需求，经过七十余载的社会经济与城市建设飞速发展，当前我国城镇化已处于中期后半阶段，城市功能与独有的文化特色面临人口结构与现代生活方式改变的重压，出现空间形态失序、环境品质下降、地域文化特色逐渐丧失等问题，城市建设由"增量发展"逐步转变为"存量更新"。国家"十四五"规划明确提出"推进以人为核心的新型城镇化""实施城市更新行动，推动城市高质量发展"，城市更新上升到国家战略层面。

　　社区是组成城市的基本单元，作为城市更新的主要对象与载体，对城市形象展示、城市环境质量改善、城市生态效益提高、人民幸福指数增加起到重要的作用。社区公共空间，是生活工作在其内的人们进行公共交往、举行各种活动的开放性场所，它的体系化构建是实现城市绿色发展、提升人居环境质量的有效手段。

　　本书结合笔者参与的社区实践，探讨社区公共空间更新，主要分为两个部分：第 1 ～ 3 章对社区公共空间进行更新分类，包括道路、小微空间、建筑界面、城市家具等，进行了问题分析、更新关键点提出与国内外优秀案例解析，总结了社区治理的相关理论、管理模式、公众参与开展的活动形式，提出了当前存在的治理瓶颈。第 4 ～ 7 章介绍了作者团队参与的 4 个实践案例，包括北京朝阳安贞街区更新规划、北京海淀文慧园路街道更新、学院南路 32 号院社区与蓟门里社区公共空间更新，详细阐述了在更新过程中思考、面临的问题和解决的策略。这 4 个实践案例，各有特点，有的是寻求激活方式，有的是解决实际的空间界面更新问题，有的是在疫情过程中对健康社区环境的升级。在本书的最后，结合笔者团队作为北京市海淀区责任规划师高校合伙人的工作经验，从担任的社会角色角度，对社区的治理提出了思考，包括管理平台的搭建、更新策略的引入、全生命周期的管理与居民自治能力的提升。

　　本书可作为社区更新的方法手册，也可以为管理者提供决策思考，希望书中的内容对规划设计领域与社区工作领域的朋友们有所裨益。

目录

目录

目录

1.1 城市问题推动城市迭代

城市的发展，伴随着城市问题。近代工业革命之后，工业快速发展、带来了城市变革，大量人口迅速涌向城市，住房、医疗、交通等城市基础设施供给不足，导致人居环境恶化，出现各种城市问题。19世纪，以英国伦敦为例，脏乱的城市、住房紧张、饮水安全、环境污染，进而导致霍乱、天花、肺结核等疾病流行和大量的人员死亡，这些问题都像一颗颗炸弹一样在城市中引爆，民不聊生（图1-1）。

在这样的背景下，医学、经济学、社会学等人士，试图从不同的专业角度，解决城市问题。其中，建筑师、规划师、生态学等学者们，探讨城市的理想模型，也引发了一系列城市更新理论的提出，如霍华德的"田园城市"、柯布西耶的"光明城市"、赖特的"广亩城市"和沙里宁的"有机疏散"理论等，他们探讨如何向城市以外拓展空间，合理解决人们的衣食住行和工作休闲。

图1-1 工业革命时期——黑暗的伦敦 [1]

1 图片来源：视界有故事.晚清时期的北洋舰队为何偏爱德国生产的战舰和火炮 [EB/OL].（2022-01-04）[2022-10-05].
http://m.cunman.com/new/854705d588834c8aa59f6f9858da61da.

城市本身需要迭代发展。然而，城市不会无限制地向外扩张，当扩张到一定程度时，受到地理条件、经济成本、时间成本、生态成本等束缚，这种扩张会渐缓达到一个相对稳定的状态。此时，城市发展更注重思考如何改善已经建成的城市基础设施，着手从城市管网、建筑本体、交通、垃圾场等项目进行改造。受城市改造实践的影响，城市发展由"扩张"转向"更新"，这种"城市更新"越来越成为政府和公众不得不关注的重大社会问题。

图 1-2　奥斯曼改造后的巴黎[1]

拿破仑三世时期，著名的奥斯曼巴黎城市规划（Haussmann's Renovation of Paris），由塞纳区区长奥斯曼主持，他用了 18 年的时间，对巴黎进行了大刀阔斧的改造：以凯旋门为中心呈辐射状开辟了 12 条大道，打通了这座城市的脉络，奠定了巴黎的

图 1-3　统一的建筑立面

交通干道基础，这些笔直的大道旁边栽植了 60 万棵树，林荫大道的雏形诞生；前瞻性地改造了市政管网，让巴黎的排水管道成为主要旅游景点之一，这一工程创举至今仍被认为是最完美的城市地下排水系统；还有街道立面规范、垃圾场修复、开辟大型公园……奥斯曼的改造让巴黎完成了华丽的蜕变，从一个破败的中世纪旧城，成为举世闻名的"光之城"，使巴黎成为当时世界上最美丽、最现代化的大城市之一（图 1-2、图 1-3）。

巴塞罗那作为欧洲的古老城市之一，其城市营建堪称现代城市规划之典范，通过艺术的形式在城市更新之路上独树一帜。1975 年，面对满目疮痍的城市，新政府启动了城市更新计划，实施"点式更新渗透"城市针灸法。之后，巴塞罗那经历了从"微观整治"到"大事件引领"，再到"形象带动内容"的"城市更新三部曲"。公共空间再规划、打造超级街区、重塑老工业区、探索智慧

交通……这一系列项目都为这座古老的城市发展注入全新活力，再造人性化的城市。

　　快速工业化、城市化促使许多衰败旧的工业城市，采取了各种城市复兴策略，经历了许多城市再开发活动，以改善城市环境、复兴城市功能、增强城市活力。位于鲁尔河畔的德国鲁尔工业区，因其有丰富的煤炭资源，工业产值曾占德国的 40%，一度成为德国重要的工业城市，也是世界最重要的工业区之一。从杜伊斯堡港到荷兰边界的莱茵河段，年均运输量达 1 亿 t，支撑了德国四分之三的煤炭储备量。但鲁尔工业区以煤炭、钢铁、工业声名远扬的同时，也因为环境污染、用地紧张、交通拥挤、生活质量差而广为人知。并且随着天然气等新型能源的使用，传统工业发展受到威胁，这个曾经辉煌繁荣的工业区开始走向衰败，整片鲁尔工业区域变成了"棕地"，复兴成为鲁尔工业区面临的新问题。1989 年，德国北莱茵州政府建立了 IBA 组织（Internationale Bauausstellung），以应对鲁尔工业区出现的突出问题。通过百余个国际竞赛与更新项目，如埃姆舍公园（Emscher Park）（图 1-4），经过近 30 年的规划改造，基本完成了城市环境改善、就业提供、文化创新、居住优化的绝境重生，昔日的传统工业区逐渐走向生态宜居（图 1-5）。

　　与德国不同，美国的大规模城市更新始于战后重建，纽约市则是这场大规模城市更新进程的先锋者。不同于 20 世纪中期摩西时期的自上而下的公园建设模式，20 世纪 60 年代以后，公众参

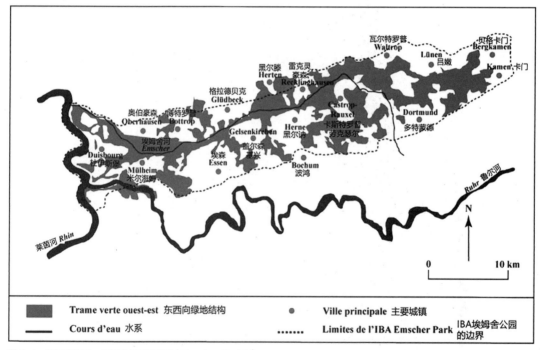

图 1-4　国际建筑展 - 埃姆舍公园示意图（Emscher Park）[1]

1　图片来源：译自 Guillaume Logé. An essential artistic approach? The case of the Industrial Heritage Trail in Germany[EB/OL]. (2022-06) [2022-10-05]. https://forumviesmobiles.org/en/opinions/12618/essential-artistic-approach-case-industrial-heritage-trail-germany.

图1-5　鲁尔工业区北星公园（Nordstern Park）

与社区更新的思想在纽约开始被广泛接受。经历了冷战、经济萧条，纽约的许多街区出现了闲置性的空地，纽约市政府于1978年启动"绿手指计划"（Green Thumb），由市政总署赞助，以协助社区组织或民间机构等自主力量参与到与自身权益相关的城市更新项目中，对这些空地进行自下而上的自愿式更新，如格林尼治村、贫民窟布朗斯维尔区、曼哈顿地谷联盟……这些项目让公民的居住环境得到了切实的改善。

　　20世纪中期的战后重建是重要的城市更新高峰节点，第二次世界大战以后，城市更新成为全球最具影响力的城市政策。全球范围内的城市，虽然有不同的文化背景，却似乎有着相似的问题，也在尝试着不同的迭代发展方法。从政府主导的"推土机式重建""旧城改造"到市场主导的"城市再开发"。如东欧后社会主义国家强调社会体制转型后的城市发展与更新；南非、拉丁美洲等后进城市利用产业升级实现城市更新目标；意大利等历史文明地区在应对经济全球化冲击下的保护式更新与发展；日本、韩国以及新加坡等早期受惠于西方产业链转型的外贸出口型经济区在应对新晋制造业中心崛起时期的产业转型与城市更新……但无论如何，"城市内部更新"成为城市迭代不能回避的部分。它从早期的单一地对衰退地区进行改造升级，扩展为以新时代发展背景下产生的多元效益为目标的更新机制，强调政府、私有部门和社区的三方合作，更新对象也扩展到城市问题的各个方面。

1.2 中国城市迅速迭代发展

城市发展是一个不断进行城市扩张和再建设的过程，这与经济发展有密切的关系。新中国成立后，新生的人民政权热情高涨地推进工业化，从而催生了新中国城镇化的萌芽。但新中国成立初期，我国的经济实力低下，城镇化水平较低，并且经历了大起大落的政治和经济波动。改革开放前，我国的城市发展一直处于相对停滞的阶段。改革开放后，中国经济飞速发展，城市建设如火如荼，城镇化迎来了全新的发展时期。世界历史上规模最大、速度最快的城镇化现象应运而生。早期的城市更新采用最多的是大拆大建、推倒重来。2000 年以来，在多元动力机制的推动下，中国的城市更新逐渐向以物质性更新、空间功能结构调整、人文环境优化等为主的快速更新阶段发展。

1.2.1 城市扩张时期

长期以来，我国城市多采用外延式扩张的方式扩张城市规模，即将城市边缘的大量农村耕地转变为建设用地，扩张涉及旧城扩建、新区开发、新城建设等多种内容。

20 世纪 90 年代，随着经济井喷式增长，国家推行城市土地有偿使用政策，将市场力量和民间资本引入市场建设进程，在政策推动的基础上，房地产进入高速发展期。在这种情况下，中国的新城建设全面蔓延，"圈地盖楼""争抢土地储备"就像一场没有硝烟的战争，新城面积达到城市建成区一半以上，土地城市化速度已远远超过人口城市化速度。

这一时期的城镇建设效果明显，一方面极大地促进了现代化水平，但另一方面，由于快速的增量扩张导致整体质量不高，城市发展处于盲目的半失控状态，在城市范围和功能分区上表现为模糊和混乱，致使城市盲目外扩，摊大饼，成为诸多"城市病"现象发生的重要原因之一。

当城市的发展超过了真实的使用需求，这种状态往往会带来"空城化"的问题，这些问题为旧城更新提供了契机，政府开始思考如何控制城市规模，合理发展，推动"内城复兴"。

1.2.2 旧城保护更新时期

对于旧城的保护，一直都被作为城市规划工作的重点。但改革开放前，由于政府精力有限加上各项资源短缺，更新的内容主要着眼于老旧危房的改造、旧城老街的改造，以改善居民的基本生活问题。

自20 世纪 80 年代起，经济发展效果显著，以"建设"的名义对旧城进行了严重的破坏，"推土机"现象在中国同样上演着。面对城市规模扩张的制约和品质提升的压力，随之出现了大范围的旧城改造、历史文化名城的保护更新运动，这也是我国第一次把旧城改造与历史文化名城保护结合起来，"旧城改造"的概念随之建立，并在全国范围推广开来。这时的旧城保护更新不再局限于危房改造或基础设施建设，而是结合功能调整、用地结构转换、文物建筑保护等。

1992 年，旧城保护更新进入高峰期。北京、上海、广州、南京、合肥、苏州、常州等城市，相继开展了大规模的旧城改造探索。沈阳提出了严格控制城市规模，调整工业布局和住宅布局，全面改造旧区；合肥制定了城内翻新、城外连片的建设方针，对老城进行综合治理……但这时的改造不是通过重建、整治和维修等多种方式进行改造，而是直接采用"推倒重来"的方式，对于历史文化名城的文化价值认识不足。修旧建新，更新多、保护少，使许多传统风貌、景观特色遭到破坏，城市发展结构与形态没有得到质的提升。最终，造成开发强度大、拆迁规模大、改造速度过快的问题，带来"二次改造"隐患。

之后，国人深刻认识到城市化速度并非越快越好，开始重视历史保护与城市复兴问题。中国城市发展进程进入到一个转型时期，治理老城环境，改善居住条件、保护历史文化遗产、解决城市发展与历史保护之间的矛盾成为最迫切的任务。北京菊儿胡同整治创新性地进行了老城整体保护和有机更新的实践探索，保护了北京旧城的肌理和有机秩序，并在苏州、西安、济南等诸多城市进行了广泛实践，推动了从"大拆大建"到"有机更新"的城市更新理念的根本性转变。

20 世纪末，全国掀起了住宅开发热潮。各大城市借助土地有偿使用的市场化运作，新建了大量住宅，推动了旧城居住区的更新改造。这一时期可以说是机遇和问题并存，在高速城镇化的背景下，得益于土地的市场化改革，旧区基础设施得到改善，旧区土地实现增值，这一时期的改造内容包括重大基础设施、老工业基地改造、历史街区保护与整治以及城中村改造等多种类型。与此同时，也发生了一些破坏历史风貌、激化社会矛盾的严重问题。

1.2.3 建成片区更新时期

快速的城市扩张和大规模的旧城改造也埋下了多重潜在危机，吴良镛院士从城市保护与发展出发，提出了城市"有机更新"论，使得中国的城市更新进入萌芽阶段。

生态修复、城市治理、风貌改善……自步入 21 世纪以来，经济发展速度减缓，这些曾经被掩盖的隐性问题日益显现。

2012 年以来，我国城市发展渐渐步入"存量优化"阶段，城市开发趋于饱和，城市空间增长主义走向终结，城市内涵的更新提升逐渐成为核心。在新时代背景下，"城市更新""城市治理""社区发展""多元共享"等主题备受关注，强调以人民为中心和高质量发展的转型期，强调城市综合治理和社区自身发展。全国范围内，不同地区向着不同的更新方向，呈现出多种类型、多个层次和多维角度探索的新局面。

生态修复与城市修补，标志着城市发展方式的重要转变，是"存量规划"时代的有效举措。2015 年，三亚作为我国首个"城市双修"的试点城市，以城市建成区作为城市更新和空间治理的实施范围，通过内河水系治理、违法建筑打击、规划管控强化等措施，完善了城市治理体系，改善了人居环境。"城市双修"思想的转变，为进一步精细化的城市更新奠定基础。

与此同时，北京、深圳、上海进行着社区微更新的探索。深圳的"趣城计划"，通过创建多元主体参与、项目实施为导向的"城市设计共享平台"，吸引公众参与城市更新设计，促进社会联动与治理。北京的胡同微更新，通过将传统四合院生活与胡同绿化相结合，改善人居环境品质。上海通过口袋公园、一米菜园、创智农园等社区微更新项目进行公共空间改造，吸引社区居民参与，促进社区的共治、共享与共建。

另外，产业升级也在持续地更新中。北京首钢园区以冬奥会为契机，推进旧工业园区的保护性再利用；上海将后世博园区建设为集中了绿色建筑、海绵街区、低碳交通、可再生能源应用的可持续低碳城区；厦门沙尾坡以宅基为基本单元开展微更新，吸引年轻人积极培育新产业，推动旧工业区的整体复兴。

在新的发展阶段，我国的城市更新事业收获显著，树立了面向社会、经济、文化和生态等更加全面和多维的可持续发展目标。

1.2.4 畅想——未来的城市更新

时代不断快速更替，科技也不断创新，城市规划进程与空间设计模式也随之不断迭代。在新时代下，顺应未来城市的建设与发展趋势，城市更新智能化发展是一个绝对性的导向，数字化的创新模式必不可少。以数字化技术、互联网支持、大数据统计、5G、AI等多种技术手段，不仅为居民提供智能检测、互动、反馈系统，还可以更好地处理人与空间的关系属性。如何以新技术引领智慧城市未来，推动城市创新成为政府、设计师共同思考的问题。

近年来，国家政策表明技术发展将全面提升城市更新，地方政府可以根据地方实际情况，在整体更新时加入基础设施与公共服务的信息化、数字化、智能化改造，并结合城市信息模型（CIM）平台建设，打造智慧城市的基础操作平台，以及通过推进智慧社区建设，实现社区智能化管理，提升公共服务的运维效率，拓展城市运营的潜在空间。另外，"万米网格管理法"作为一种全新的城市管理模式，借助计算机、互联网、地理信息系统和无线通信等多种现代信息技术，可以对城市内出现的各种实时问题进行"精准定位"，北京、太原等城市已经开始率先使用了。

抛开技术手段，未来的城市更新目标不会单单局限于物质层面的硬性维护、整建、拆除，改造、提升，不再是空间上的"填空""选择"，而是更加重视人文关怀、社会内涵等精神层面的关注，转向柔性的、以尊重人权、体现人文为宗旨的更新。这时的城市更新不再是对过去进行修补，而是对未来生活方式的引导，讲究智能、高效，强调生态、品质和可持续的新理念，促进城市健全发展，创造一个美好的工作与居住环境。

2020年虽对于国人乃至世界来说是艰难的一年，但也正是这种独特的经历让城市更新的畅想开始迸发。著名建筑师丹尼尔·里伯斯金（Daniel Libeskind）说："要是你不相信有更美好的未来，就无法从事城市设计工作。"居住在城市里的我们，渴望更美好的未来，渴望探求城市空间迭代的各种可能性。

1.3 北京城市更新历程

1.3.1 六朝古都

北京，古称燕京、北平，地处华北平原北部，地势西北高、东南低，西部、北部和东北部三面环山，地理位置优越，是一座拥有3000多年建城史、850多年建都史的历史文化名城和世界著名古都（图1-6）。北京是中国政治中心、文化中心、国际交往中心、科技创新中心，也是一座现代化国际大都市。

图 1-6　北京故宫

北京自公元前1045年成为燕国的都城以来，作为北方重镇，先后成为辽、金、元、明、清六朝古都。春秋战国时期，是战国七雄之一，作为燕国的都城，故得名"燕都"。之后在北京建都的是辽国、金国，并以此向南扩张。元朝灭宋朝后，亦建都北京，并大规模营建都城，元至元九年（1272年），正式改名为元大都。明朝最初建都南京，朱棣登位后迁都北京。清军入关后进驻北京，亦以北京为都，成为我国历史上最后一个大一统的封建王朝。

北京虽然不是八大古都中建都朝代最多的，但却是最有影响力的国都之一。这座千年古都在时代变迁中历经风雨，城市规模不断扩大，布局日渐合理，设计思想日趋成熟，并于明清达到都城建设的巅峰，奠定了旧城的规模和格局。

1.3.2 新中国成立后的更新迭代

1949年，中国人民解放军进入北平市，这座城市和平解放。新中国成立后，北京经济迅速发展，人口快速增长，产业结构不断丰富，改革开放的日渐深化更强化了北京作为现代国际城市的吸引力和集聚力，但由此也加剧了城市住房紧张、土地资源稀缺、用地结构混乱、生态环境恶化、历史风貌破坏严重等城市问题。从新中国成立至今，作为新中国的政治文化中心，北京的城市发展已逾70年，同样经历了三个时期的更新迭代。

1. 扩张

北京在中国不仅是一座首都，更是中国北方的经济中心，承担着引领中国北方发展的重任。

从元代开始，北京就因为良好的地理区位，深受历代皇帝的青睐，保有群山拱卫的天然屏障的同时，也影响着北京在现代的空间拓展。根据王亮等对北京市城市空间扩展的分析，北京的城市扩张方向在各个时期有着明显的不同。

20世纪八九十年代，刚刚改革开放的中国还没有形成巨型城市的格局，各个大城市之间需要更多的空间连接，以保障统治需要，顺应经济发展。由此，北京的城市空间主要向东、东南和北三个方向扩张。位于北京东南侧的天津作为北方的另一座大城市，故东南向的联系更为必须。由于北京周正四方的格局，改革开放效果逐渐显现，随之表现为各个方向均衡扩张，且速度相仿，这时的北京城进入较为正常的城市扩张期。很快，向西的扩张就遇到了山脉的阻碍，扩张又开始向相对空旷的南北两个方向继续突进，尤其是北方，由于昌平撤县设区，行政上的升级给予地域扩张的基础，最后形成了中国少有的七环城市（图1-7）。

从"大北京"到"首都圈"，北京的辐射范围又延伸到津冀，建设以首都为核心的世界级城市群，促进三地一体化发展。这座超一线城市的体量和它的辐射范围已经远远超过了所有北方城市，但前

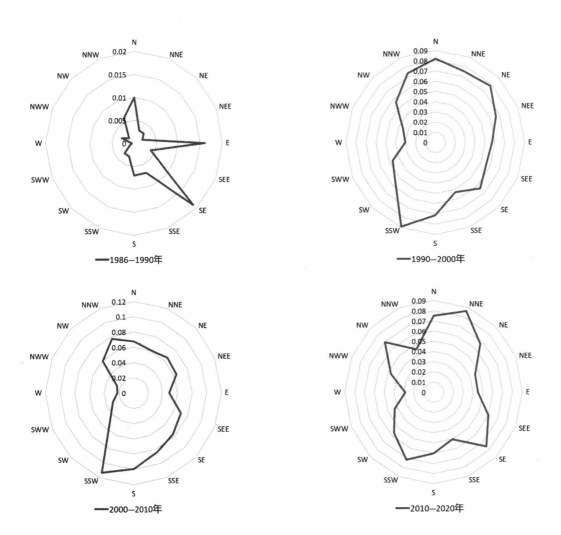

图1-7 北京的城市扩张从东南向转为均衡多向

进脚步在未来相当一段时间内不会停滞。但是大城市的隐患逐渐开始显现，向外进行功能疏导也是大势所趋。

2. 老城保护

北京老城是在经历了辽、金、元、明、清、民国时期的变迁而发展起来的，是中国古代都市的杰作，代表了中华传统都城礼制。因此，老城历来就是北京城市规划工作的重点区域。

新中国成立后，梁思成、陈占祥曾提出在老城外建设首都行政中心区的建议，但由于战后财政紧缺的制约，"保护"只能服从于"发展"的需要，建议最终未被采纳，这也导致之后的北京建设步伐严重威胁到传统风貌。

1953年，《改建与扩建北京市规划草案》确定"首都性质不仅是政治、文化中心，同时还必须是大工业城"。由此，一些传统建筑被拆除、改造或占用。之后的几十年中，北京的城墙、胡同、四合院逐渐消失。

直到20世纪80年代末，随着改革开放的推进，北京老城保护工作逐渐复苏。政府明确了老城保护的态度，老城整体保护的概念最早是在1992版"北京城市总体规划"（简称"总规"）中提出的。从对文物的点状保护，到对历史文化街区的片状保护，再到对整个城区各类保护对象的全面保护，北京经历了近30年的探索与实践。"总规"不再提"经济中心""工业基地"，取而代之的是"政治中心""文化中心"。同时，"历史文化名城保护规划"也是北京第一次编制完整的名城保护专项规划，为整体保护历史文化名城和老城提供了重要的规划和政策基础。在此指引下，相继出现了对老城空间形态和建筑的研究和控制、菊儿胡同的探索、25个历史文化保护区的划定等工作，老城保护效果显著。

但20世纪90年代末的房地产开发热潮让"保护"和"发展"的矛盾又再一次突显，老城保护受到严重打击。幸运的是，北京凭借承办奥运会的契机，让老城保护迎来了曙光。政府利用举办奥运会的带动作用和建设需要，进一步完善拓展了名城保护体系，提出了老城保护与复兴并举，推动了老城的可持续发展。

"老城不能再拆了！""加强老城整体保护……"，北京开始进行老城改造模式的新探索，通过开展历史文化保护区带危房改造的试点工作推进风貌保护区整治，文化导向下的小尺度空间调整的更新方式日渐明晰，"微循环""新生于旧""有机更新"的思路也逐渐用于老城改造的实践中。"整体保护"代替"老城拆改"，成为北京老城发展的方向。"十三五"期间，北京以老旧小区综合整治、老旧楼房改建、棚户区改造"三老一改"工作为抓手，持续推进老城整体保护，创新保护性修缮、恢复性修建、申请式退租等政策，深化历史文化街区特别是老城平房区城市更新。

北京在老城保护方面进行了创新性探索，走出了一条老城疏解整治提升、人居环境改善、有机更新与历史文脉保护、文物公益性活化利用有机结合的"北京模式"。

3. 城市微更新

"微更新"是城市建设走向精细化、品质化的必然选择。许多城市都在进行相关探索，北京也不例外。

经历了几十年的迭代发展，吸取了以往的经验教训，现在的北京城市更新进入了更谨慎、更精细的阶段，突出了"减量发展""存量优化""疏解整治"的决心。

北京市西城区率先启动"街区整理"的计划，根据不同功能对街区进行分类整理。"街区"是打破现有街道或社区的规划界限，跨越地理空间规制，按照一定规模和历史沿革，把若干社区整合为一个城市人居基础单元。"整理"是对内容零散、层次不清的规划设计建设管理，进行条理化、系统化、科学化地再加工、再升级。

近年来，随着人们权利意识与社区归属感的提升，社区参与在城市更新中的意愿日益凸显。我国城市更新也更加提倡"社会公平""环境可持续""资源再合理分配""社会融合"等多元化的目标，"邻里更新""居民自建""社区参与式重建"等理念得到广泛关注。故社区、街区也逐渐成为渐进式有机更新的单元载体和重要媒介，街区层面的自下而上的更新在城市实践中日益受到重视。随着这种转型的推进，多方协作下的"社区微更新"模式逐渐兴起，更加强调政府、社区、市场等多元角色的参与。

在此基础上，针对广大建成区，北京进行着胡同、老街、社区、口袋公园……各种类型的微更新，"微"代指微小空间、微小问题、微小投入等，这种"城市微更新"将社区公共设施和公共空间作为改造对象，进行局部的渐进式更新，见微知著，以提升建成空间品质、激发城市活力。

鼓楼西大街风貌整治、西城区大栅栏胡同微更新、白塔寺历史文化街区公共空间更新、朝阳门史家胡同微花园系列、前门四合院改造设计……北京在微更新中实现再生长。微更新理念继承了有机更新理论，强调通过自下而上的动员和居民参与，把握核心问题，采用适当的规模、合理的尺度，尊重城市内在的秩序和规律，是一种有温度的城市改造新模式。"不是叫胡同客厅吗？给自己家装修客厅，大伙儿能不上心吗？""路还是那条路，但走起来宽敞多了！""我家门前好乘凉……"无论是微公园、微花园、微生态、还是微客厅……正是这些"微"和"小"，构成了北京那些可喜的微妙变化，给市民带来了扎扎实实的"小确幸"。

总的来说，北京的城市发展经历了各个时期的更新迭代，虽历经挫折，但也取得了丰厚的成果，逐渐探索适合自己的发展方向。与广州、深圳、上海等城市的更新实践相比，北京有其自身特色，以街区更新为主，倡导小规模、渐进式的有机更新，创新之处在于"以街道为抓手，以更新为手段，以规划师为纽带"。

1.4 责任规划师助力街区更新迭代

新时代的北京面临"减量提质"的城市更新问题，城市规划和管理工作进一步"精细化"和"重心下移"，街道（乡镇）层面主导的"微更新"越来越成为主要工作。为此，北京市政府开始着手推进城市总体规划在街区层面的落地实施，探索试行街镇规划师制度，为试点街道配备责任规划师。街区责任规划师的首要职责就是通过开展课题研究，参与街区规划编制，落实上位规划要求，为环境整治提升提供基本遵循。

1.4.1 探索

2017 年，"责任规划师"率先在北京市东城区进行，中国城市规划设计研究院、北京清华同衡规划设计研究院、北京工业大学等 12 家知名设计院和高校向全东城区的 17 个街道派遣设计团队，全程参与街巷设计和实施，为东城区"百街千巷"环境整治提升工作"把脉开方"。责任规划师以技术顾问的形式介入，全程参与街巷设计和实施，听取群众意见，坚持精雕细琢，恢复胡同风貌，修复街区生态，街巷精细化管理水平不断提升。2018 年，东城区正式向 12 家设计单位发放街区责任规划师聘书，标志着全东城区 17 个街道街区责任规划师制度的全面实施。

1.4.2 先锋

在北京市东城区试点顺利开展的鼓舞下，海淀区举行背街小巷整治工作部署会暨街区责任规划师启动仪式，聘请北京市建筑设计研究院、北京清华同衡规划设计研究院等高水平专家团队担任街区责任规划师，试点范围涉及多个街道，为海淀区城市管理与治理探索新的路径。小到路旁的绿化街景如何设计，大到楼宇建筑外立面改造，从街区风貌到产业布局，从交通优化到夜景照明，各试点单位和街镇责任规划师同心协力，积累了经验，达成了共识，奠定了基础。最后，配备"1+1+N"（1 名街镇规划师 +1 名高校合伙人 +N 个设计师团队）的街镇责任规划师团队。街镇规划师将由北京市国土资源局海淀分局按年度从社会统一招聘专职技术人员，常驻街镇，完成各项城市规划和建设工作，汇总更新信息，开展调查研究，发挥沟通协调作用；高校合伙人将由海淀区委区政府与清华大学、北京林业大学、北京交通大学签订战略合作协议，高校通过内部遴选方式，确定有丰富专业知识和实践经验、熟悉街镇规划和现状情况的优秀教师，与街镇一一结对，为街镇提供长期、专业的跟踪指导和咨询，指导相关规划编制与研究工作；依托国内外高水平的专业技术团队，组建符合各街镇实际需求的设计师团队，为街镇提供多专业全方位的规划设计服务。

海淀区责任规划师制度在总结试点工作的基础上全面推进，增进了公众在城市规划管理中的知情权、参与权和监督权，最大限度地将城市规划设计要求落实落细落地，形成共治共建共享的城市精细化治理桥梁，以点带面实现城市品质整体提升，助力城市精细化治理。2019 年，海淀区实现了 29 个街镇责任规划师全覆盖，海淀区责任规划师们的工作成果受到了一致的好评和认可。北京林业大学有幸参与助力，深度参与城市基层治理制度探索，主要职责包括定期为街道开展规划解读、讲座培训、公众宣传、规划决策咨询，搭建"校地"合作平台进行教学科研探索，组织公众参与以促进社区自我发展，推动社区治理运营的小规模、渐进式、可持续的更新模式。

1.4.3 高潮

2019 年，北京市朝阳区按照 43 个街道办事处、地区办事处及 7 个功能区管委会共划分为 50 个责任街区，积极推动责任规划师制度实施。制度以责任街区为单元实施，具体工作内容由各责任街区根据实际需要与责任规划师协商确定。在街区全覆盖的基础上，朝阳区还在此次实施责任规划师制度中，利用大数据等科技手段，搭建大数据人居环境体检系统，辅助责任规划师更快更好地开展规划设计工作。

北京市责任规划师制度实施以来，已有 15 个城区和经济技术开发区完成了责任规划师聘任工作。目前北京市共签约 301 个责任规划师团队，覆盖了全市 318 个街道、乡镇和片区，覆盖率达到 95% 以上。开展责任规划师工作相对较早的东城、西城、朝阳、海淀等区的一批街道已经形成了具有一定代表性的实践成果。未来责任规划师工作范围将逐渐由街镇层面向社区、村庄延伸拓展，打通规划实施的"最后 1 公里"，形成多元共治的治理新格局。

本书从社区公共空间、街区规划、街道更新、花园共建、社区共治等方面，总结近些年作为高校合伙人在街区更新实践中遇到的问题和积累的经验，将解决对策和更新手段分享给读者。

2.1 社区与社区公共空间

2.1.1 社区

德国社会学家斐迪南·滕尼斯（Ferdinand Tonnies）于 1887 年在《共同体与社会》一书中首次提到"社区"（gemeinschaft）概念，他认为社区是在聚落基础上形成的一种社会关系和社会组织形态，将其作为与社会相对立的概念进行研究。美国社会学界吸收了他的理论并进行扩展，使用英文的"社区"（community），含义引申为人们生活、工作的共同体。我国的社会学家费孝通在 20 世纪 30 年代，将"社区"引入中国，提出社区是以地区为范围，形成互动'互助'合作的群体。郑杭生认为，"社区是进行一定的社会活动、具有某种互动关系和共同文化维系力的人类群体及其活动区域"。2000 年，民政部发布了《关于在全国推进城市社区建设的意见》，其中将"社区"定义为"聚居在一定地域范围内的人们所组成的社会生活共同体"。目前城市社区的范围，一般是指经过社区体制改革后作了规模调整的居民委员会辖区。

在不同的文化传统、历史时期和地域背景下，社区的含义朝着多元化的方向发展。而从城市规划的角度来看，社区单元的概念旨在强调其与城市、居住之间的关系，换言之，社区单元是城市更新的载体，城市也基于社区单元进行空间划分。社区单元成为连接城市总体规划和未来控制性详细规划的纽带。

随着城市化进程不断加快，国内外城市社区单元的规模和形式也不断进化和发展。国内社区单元以地缘为基础，以适度的管辖人口和半径为条件，以人为本进行构建。多数城市采用"城市—区—街道—居委会"的城市分级分区管理制度，而后衍生出城市网格化管理模式，如北京东城区将每个社区单元尺度划分为 1.5 万 m^2，将社区单元的构建逐渐定量化，同时促进公共卫生健康的可持续发展。上海市从全面营造开放、共享的社区角度出发，以"15 分钟社会生活圈"概念构建社区单元，打造"宜居、宜游、宜赏"的社区空间，为城市公共服务设施的规划与优化提供参考。

国外的城市化相较于我国开始较早，部分发达国家的社区发展水平较高。柯布西耶的"光辉城市"理论，霍华德的"田园城市"理论，芝加哥的城市美化运动强调大尺度规划，这样的社区公共空间曾被看作城市形象和综合实力的象征。简·雅各布斯（Jane Jacobs）在《美国大城市的死与生》（1961）一书中开始呼吁回归人性尺度，社区单元概念初具雏形。而后其发展理念逐渐从"车行优先"转变为"以人为本"，社区单元也因此更加多元和开放。且国外社区多坚持自下而上的运营机制，社区单元内的个体可以决定社区功能与形态。

综上所述，国内外社区单元的构建均以国情为基础，现阶段我国的社区单元划分坚持"以人为本"的政策，努力构建自上而下和自下而上相结合的实施机制，更多地聚焦于社区更新有品质、邻里关系更和睦、居民需求能保障三个层面，以开放社区理念为契机，创造为人民服务、富有活力的社区。

2.1.2 社区公共空间

"公共空间"作为一个特定名词，于20世纪60年代逐渐被引入建筑学和城市规划领域。其本质是从人的需求出发，将使用者的需求和物质空间建设相结合，吸引更多人参与到公共活动中来。现代城市公共空间通常被认为是城市中各类社会生活事件发生的公共活动场所。以城市中的居民为主要服务对象，运用自然地形、广场、街道、公共绿地、小游园等构成要素，塑造为人所用的公共空间，使识别性、归属感、活动性等特征成为城市公共空间的特有属性。

社区公共空间作为城市公共空间的重要组成部分，是居民活动的生活载体，承载着社区开展公共服务和社区居民进行公共活动的功能，具有较好的邻近性。随着城市发展进入存量更新阶段，一个富有活力的社区公共空间将反映社区居民良好的生活质量和极具特色的城市文化。

2020年7月，国务院办公厅发布《关于全面推进城镇老旧小区改造工作的指导意见》（以下简称《指导意见》），是国家层面对于老旧小区改造这一重大民生工程提出的系统要求和工作纲领。老旧小区综合改造是一项同时具有专业性、系统性、社会性的复杂协同工作，涉及管理部门多，涉及基层群众广，涉及改造要素杂、涉及实施变量多。按照《指导意见》要求，老旧小区公共空间更新根据其改造内容归于完善类和提升类，是老旧小区改造的重要组成部分，是满足居民生活便利需要、改善型生活需求、丰富社区服务供给、提升居民生活品质的重要途径。

本书主要从社区发展的理念，探讨老旧小区的公共空间更新，综合团队参与的实际项目与研究成果，将社区公共空间分为道路空间、小微公共空间、建筑公共空间和设施家具空间四个组成部分，并分别阐述各组成部分如何在"社区微更新"活动中进行品质提升，实现居民与社区的共建共治共享。

其中，道路空间作为基本的城市线性开放空间，由道路两旁的建筑围合形成，并以街道为骨架，承载交通、市政、景观、交往、礼仪等功能；小微公共空间是指处于街头、街边或社区内的小型广场或公共绿地，是人们日常户外活动的场所，对城市居民日常生活影响巨大；建筑公共空间以建筑界面限定其空间的边界要素，具体概念为建筑内外空间临界处的构件及其组合方式，空间内的材质、门窗、辅助设施、商业外摆等作为建筑界面的构成要素，往往决定着建筑的形态变化；设施家具空间通过信息、照明、市政、卫生设施等小尺度物质要素，形成社区公共空间的环境特质，成为社区形象展示的重要环节，同时为社区居民提供人性化服务（图2-1）。

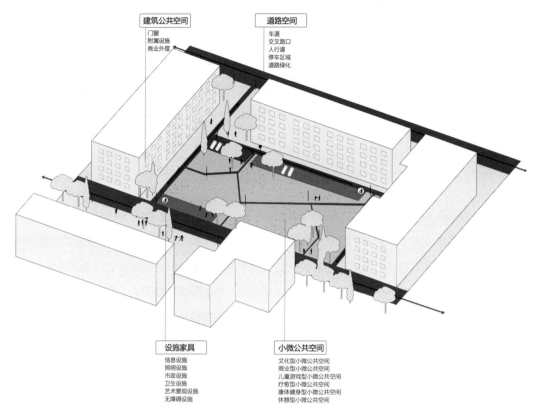

建筑公共空间
门窗
附属设施
商业外摆

道路空间
车道
交叉路口
人行道
停车区域
道路绿化

设施家具
信息设施
照明设施
市政设施
卫生设施
艺术景观设施
无障碍设施

小微公共空间
文化型小微公共空间
商业型小微公共空间
儿童游戏型小微公共空间
疗愈型小微公共空间
康体健身型小微公共空间
休憩型小微公共空间

图 2-1　社区公共空间模式图

2.1.3 典型社区公共空间案例

优秀的社区公共空间，可以增强社区居民之间的交往信任，能够给人带来幸福感和归属感，有利于城市形象的展示和宣传，提升城市发展的活力以及城市居民的文化素养。以下选取了两个国内外优秀的社区公共空间更新案例，让我们来感受一下它们的亮点与成功之处。

1. 案例：涌头社区核心区环境综合改造设计

项目地点： 东莞市长安镇涌头社区

项目规模： 1.5hm²

设计单位： 东大（深圳）设计有限公司

项目简介： 该项目是由东莞市住房和城乡建设局发起的美丽乡村示范区建设行动，塑造了一个环境优美、满足现代人多元需求的社区生活空间。核心区环境综合改造设计通过对片区停车、功能、空间、绿化、周边建筑、铺装、家具设施等全要素进行全面深度地整治提升，为居民营造了一个幸福生活的理想家园（图 2-2）。

图 2-2 改造后平面布局[1]

案例总结：

在道路空间方面，设计使用台阶形式消解休闲平台和中心广场间的场地高差，通过平面上的曲折变化、设计过渡平台及种植树木等手法，弱化了体量和压迫感。台阶部分结合镂空钢板刻字，在内部镶嵌灯带，既能够满足基础照明，又能凸显在地文化。设计团队也对片区停车重新进行了统筹规划，设置半地下停车场，缓解片区停车压力。

在小微公共空间方面，中心广场约 1500m^2，整个空间用留白的手法刻意做空，仅进行简洁的硬铺，整体感觉大气干净，并能满足居民在此进行的各种功能需要，是片区的聚焦点。休闲平台面积与中心广场相近，通过廊架、树池分割成若干亲切宜人的小空间，与广场简洁的大空间形成对比（图 2-3、图 2-4）。

在建筑公共空间方面，中心广场边的农贸市场低矮破旧、功能单一、卫生不佳，利用率及效益低下。设计在保留主体结构的基础上，在入口处增设挑高大屋顶，完美衔接室内外空间。大屋顶下的大尺度灰空间，不但模糊了室内外空间的界限，还能消解建筑的压迫感。敞开式入口呈现出开放友好的姿态，再通过灰空间将室外空间渗透入建筑。

在设施家具空间方面，主要出入口设一通透景墙，形成内外空间的边界。景墙采用漏窗方式，

1　图片来源：涌头社区核心区环境综合改造设计，东莞 / 东大（深圳）设计有限公司 [EB/OL]. （2021-06-15）[2021-08-05]. https://www.gooood.cn/comprehensive-environmental-renovation-design-of-core-area-of-chongtou-community-dongda-shenzhen-design.htm.

图 2-3　台阶与文化刻字[1]

图 2-4　休闲平台廊下空间[1]

图 2-5　入口景墙（由外向内看）[1]

图 2-6　入口景墙（由内向外看）[1]

由外向内看广场若隐若现，被赋予一种神秘感。从广场由内向外看，景墙有效地遮挡了周边大体量建筑的不良视线影响。此外，夜间照明等小尺度设施家具也为社区居民提供了优良的视觉享受（图2-5、图2-6）。

2.案例：剑桥艾丁顿社区

项目地点：英国剑桥艾丁顿

项目规模：1.8 hm²

设计单位：Stanton Williams 事务所

项目简介：项目以促进集体生活为出发点，设计方案将建筑之间的"空隙"放在了与建筑本身同等重要的位置。由庭院和广场构成的网络在城市生活与新的社区中心之间建立了过渡关系。不同类型的空间相互连接，形成一个新的社会场景，呼应了传统城市与剑桥校园之间的差异化空间（图2-7）。

1　图片来源：涌头社区核心区环境综合改造设计，东莞 / 东大（深圳）设计有限公司 [EB/OL]．（2021-06-15）[2021-08-05]．https://www.gooood.cn/comprehensive-environmental-renovation-design-of-core-area-of-chongtou-community-dongda-shenzhen-design.htm．

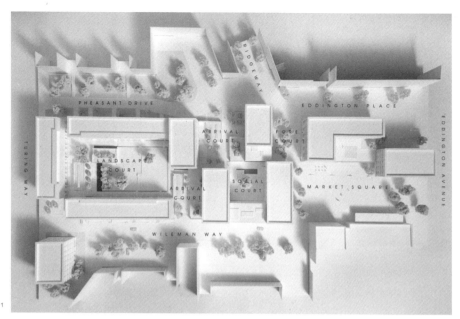

图 2-7 项目模型 [1]

案例总结：

道路空间的设计，如步道着重于公共和半公共空间之间的自然衔接与渗透，有助于进一步增强社区氛围。地面的砖砌台地也将不同的材料与景观中的活动在视觉上联系起来。

在小微公共空间方面，从向城市开放的市集广场到半开放的景观庭院，通过一系列空地和路径，营造出尺度更加宜人的共享设施和半公共空间（图 2-8、图 2-9）。

在建筑公共空间方面，建筑外立面的自然材料搭配主要参考了剑桥当地的建筑。砌砖和传统鹅卵石呈现出连续感和恒久感，木材和天然元素（如植物和水景）则营造出尺度更加亲人的细节，上部的建筑则通过嵌入式的砖砌墙墩和横向的预制窗台展现出独特而显著的形式。

在设施家具空间方面，木制自行车亭提供了安全的自行车停放处，以鼓励社会互动和社区建设。

图 2-8 向城市开放的市集广场 [1]

图 2-9 半开放的景观庭院 [1]

---

1 图片来源：剑桥艾丁顿社区，英国 /Stanton Williams[EB/OL]. (2020-07-03)[2021-08-05]. https://www.gooood.cn/north-west-cambridge-by-stanton-williams.htm.

图 2-10　自行车亭[1]

图 2-11　砌砖和传统鹅卵石[1]

自行车亭的木制栅格墙像花园墙一般将封闭的空间与外界景观连接起来，并在夜间营造出灯箱般的效果。单层的自行车亭也打破了建筑群的规模和体量感，鼓励骑行者们访问社区，从而增加社区与周边的互动机会（图 2-10、图 2-11）。

2.1.4 共性与特质

　　通过上述的案例分析，我们能够发现优秀的社区公共空间存在以下共性与特质：首先是尺度宜人，宜人的尺度感、适当的围合程度、界面比例人性化设计，促使人们产生亲切的归属感受，给予居民放松和自由的心理感觉；其次是色彩和谐，和谐的色彩设计可以解决社区人性关怀的问题，还可以在混乱的经过空间中彰显导向性、趣味性，刺激居民的视觉感受，提升环境质量，塑造出整个社区公共空间地域特色；再次是材质适宜，材质运用的不同对于其所产生的视觉表达、视觉情感也有所不同，材料的合理搭配更体现出空间的节奏感；最后是文化突显，基于原有的文化景观所展现的特色，通过色彩、造型、材质等体现当地的历史和民族风俗文化，可以增强社区居民的文化认同感和民族凝聚力。以上这些共性与特质共同促进了社区公共空间的形成。

　　接下来，本书将根据社区公共空间分类，详细地阐述各个部分的更新重点与方式。

2.2 道路空间更新

　　道路空间是一种以街道为主的、基本的城市与街区线性开放空间，是由道路两旁建筑围合形成的公共空间，主要承载交通、市政、景观、交往、礼仪等功能。

1　图片来源：剑桥艾丁顿社区，英国 /Stanton Williams[EB/OL]. (2020-07-03)[2021-08-05]. https://www.gooood.cn/north-west-cambridge-by-stanton-williams.htm.

2.2.1 车道

车道分为机动车道与非机动车道。机动车道是指公路、城市道路的车行道，除特殊情况外，专供机动车行驶。非机动车道是指主要服务于非机动车交通的道路。

1. 普遍问题

（1）交通混乱、无法形成舒适连续的慢行空间和路线

机动车与非机动车混行，导致交通混乱，具有较大安全隐患。非机动车道不完整，不连续。社区中道路缺乏人行空间，容易造成安全损害（图2-12）。

（2）道路导视系统不成体系、视觉效果不佳

由于社区的翻新扩建，道路导视系统新旧指示牌的样式、规格、形式不统一，没有形成统一的导视系统，影响美观也易导致错误解读（图2-13、图2-14）。

（3）缺乏人性化要素

社区内道路旁的建筑多为行列式布局，并且建筑形式体量、立面造型等元素大多单调乏味，同时配套设施不完善，削弱行人步行体验趣味（图2-15）。

图2-12 机非混行，车道宽度不标准

图2-13 慢行空间缺失，存在安全隐患

图2-14 新旧导视系统混用，影响美观

图2-15 道路旁建筑布局、立面造型单一

2. 更新关键点

（1）规范道路形式，解决人车矛盾

街道更新中应结合实际情况，合理控制机动车道规模，增加慢行空间。设计车速30km/h及以下的城市支路可适当缩减机动车道宽度，其中大小混行的路段机动车宽度可减少至3.25m，小汽车专用道可减少至3m，允许大中型货运车辆进入的道路，不应该缩减路段机动车道宽度（图2-16、图2-17）。

在机动车流量较小的社区可采用机非混行车道，集约利用空间和控制车辆速度。混行车道宽度要求包括：划示中心线的混行车道单向车道宽度为4～4.5m；不划示中心线的混行车道（机动车双向通行）车道宽度为6～7m；不划示中心线的混行车道（机动车单向通行）车道宽度为4～5m。

应依据非机动车使用需求及道路空间条件，合理确定非机动车道形式与宽度。非机动车道的形式包括独立非机动车道、划线非机动车道、混行非机动车道、混行车道及非机动车道路四

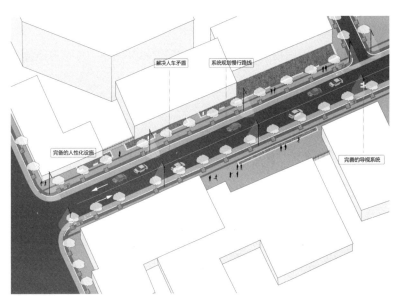

图2-16 道路公共空间更新模式图

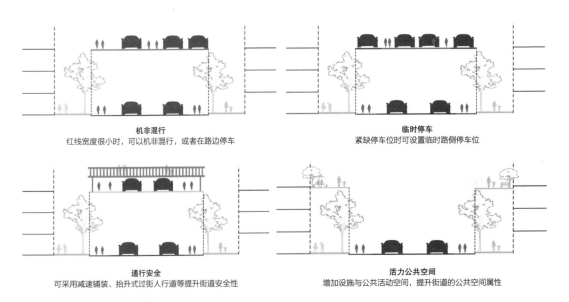

机非混行
红线宽度很小时，可以机非混行，或者在路边停车

临时停车
紧缺停车位时可设置临时路侧停车位

通行安全
可采用减速铺装、抬升式过街人行道等提升街道安全性

活力公共空间
增加设施与公共活动空间，提升街道的公共空间属性

图2-17 道路公共空间更新剖面图

类。独立非机动车道与机动车道之间采用分车带等硬质隔离，宽度一般应保证3.5m及以上，最窄不低于2.5m；划线非机动车道通过路面标线划示与机动车道进行隔离，宽度一般应保证2.5m及以上，最窄不低于1.5m；混行车道中机动车与非机动车混行；非机动车道以非机动车交通为主，特殊情况下允许机动车借用（图2-18）。

（2）系统规划慢行路线

为了确保骑行网络完整、连续、便捷，禁非道路[①]周边200m范围内应有满足服务要求的非机动车通道，并提供清晰的导引系统。重点统筹路内停车与慢行空间资源、规范街道附属设施设置、协调公交车与自行车路权、治理交通违法行为四个方面，加强慢行路权保障，控制规范停车，减少机动车对慢行路权的侵占（图2-19、图2-20）。

（3）完善导视系统

完善补足缺失的路标，根据总平面图、国家道路导视系统的标准，设计一套完善的路面标志体系，以色彩、图形、符号等统一规划路面的导视系统。有利于慢行路权维护以及维持慢行体系的完整性（图2-21~图2-23）。

图2-18 设机非混行车道，集约利用空间

图2-19 路面标线划示隔离非机动车道

图2-20 道路导引清晰，提高骑行舒适度

图2-21 道路完整连续，路面平整美观

---

① 禁非道路，是指禁止非机动车通行的路段。

图 2-22 路面标志体系完善

图 2-23 道路导视系统人性化

图 2-24 基础配套设施完善

图 2-25 建筑立面有特色,行人步行有趣味

（4）增加人性化要素，提高行人行走的舒适性

积极更新建筑立面，增加绿化，设置路灯、座椅及无障碍设施等必要配套设施及景观空间，增强人行道人性化程度以及街道活力（图 2-24、图 2-25）。

2.2.2 交叉路口

交叉路口是指平面交叉路口，即两条或者两条以上道路在同一平面相交的部位。城市道路系统多为网状结构，其主要的特点是路网密度高，路网节点即交叉路口数量多，交叉路口已经成为城市道路系统的重要组成部分。

1. 普遍问题

（1）车道过窄

进口车道未作展宽处理，车道过窄将会延误车辆通过路口时间。

（2）掉头车道设置不合理

路口掉头设计大多采取在交叉口停车线上游设置，但此种设计影响左转车道的使用效率（图2-26）。

（3）道路过宽，未设置行人二次过街设施

行人无法在有限时间内通过道路，增加了安全隐患（图2-27）。

（4）信号配时不合理

过长的信号配时，造成行人或电动车闯红灯的现象（图2-28）。

图2-26　掉头车道设置不合理

图2-27　道路过宽，未设置行人二次过街设施

图2-28　信号配时过长

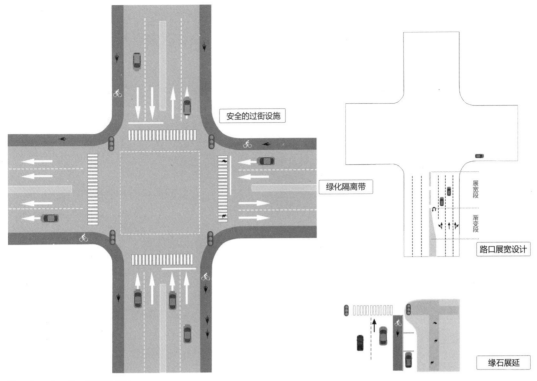

图2-29　交叉路口更新模式图

（图中标注：安全的过街设施、绿化隔离带、路口展宽设计、展宽段、渐变段、缘石展延）

2. 更新关键点

（1）路口展宽设计

利用城市道路行车道宽度和导向车道宽度的差异，增加导向车道的数量，对路口进行展宽设计。路口导向车道的宽度，入口车道小型汽车一般设计为2.75～3.25m，不低于2.7m。出口车道3～3.5m。因此，在进入路口时可利用削减车道宽度的方法，通过50～80m导向车道长度的渐变，增加入口车道数（出口车道宽度一般不作压缩）（图2-29）。

（2）科学设置掉头车道

在掉头车辆需求不大时，与左转车辆同步在路口内部进行掉头；掉头车辆需求较大时，可在进入路口前的左转弯展宽渐变段设置无障碍掉头点，有道路中央绿化隔离的，利用绿化隔离带设置掉头车辆保护区，无中央绿化隔离带的，利用车道展宽的空间用护栏设置掉头车辆保护区（图2-30）。

图2-30　科学设置掉头车道

图 2-31 路中过街设施

图 2-32 红灯等候时间不超过 60s

（3）根据行人过街需求设置过街设施

合理控制过街设施间距，使行人能够就近过街，较长的街段和人流集中路段应设置路中过街设施。除了交通干路以外，一般性街道过街设施间距应该控制在 100m 以内，最大不超过 150m。亦可合理设置安全岛，缩短单次过街距离，安全岛宽度宜不小于 1.5m，以容纳更多的行人，最窄不得小于 0.8m（图 2-31）。

合理控制路缘石半径，缩短行人过街距离，引导机动车减速右转。主次干路车辆转弯速度较高，应该保证路缘石转弯半径，设有非机动车道的路缘石转弯半径一般不低于 12m，极限不低于 10m，不设非机动车道的路缘石半径一般不低于 15m，极限不低于 12m；支路车辆转弯速度相对较低，大型车辆相对较少，路缘石半径以 8~10m 为主，极限不低于 5m。

行人过街信号灯周期不宜过长，绿灯时间应考虑行动不便的人的过街需求。一般情况下，红灯等候时间不超过 60s（图 2-32）。

2.2.3 人行道

人行道指的是道路中用路缘石或护栏及其他类似设施加以分隔的专供行人通行的部分，一般宽度为 4m 左右。人行道作为城市道路中重要的组成部分，随着城市的快速发展，它在城市发展中被赋予新的内涵，对城市交通的疏导、城市景观的营造、地下空间的利用、城市公用设施的依托都发挥着重要的作用。

1. 普遍问题

（1）人行道宽度设计不合理

人行道过窄，通行能力太差，过宽则会浪费土地，也为乱停乱放提供条件（图 2-33）。

（2）机动车乱停放

由于机动车辆大量增加，在人群密集的地方，机动车乱停乱放的问题经常发生（图 2-34）。

图2-33 南京市街区"最窄人行道"

图2-34 人行道车辆停放混乱

图2-35 人行道盲道缺失

图2-36 人行道缺乏特色

（3）盲道不足，且缺乏与外界道路盲道的联系

盲道的缺乏，导致残疾人士外出行走受限（图2-35）。

（4）人行道缺乏一定的特色

没有特色的人行道，显得无趣而乏味（图2-36）。

（5）社区路面易被破坏，造成大面积积水

积水占据过多面积或被误踩，造成行人行走障碍（图2-37）。

图2-37 社区路面遭到破坏

2. 更新关键点

（1）人行道宽度应与步行需求相协调

综合考虑社区需求、开发强度、功能混合强度、界面业态、公交设施等因素，合理确定人行道宽度，如北京市人行道宽度要求最低不小于2m，空间局促的情况下可设置1.5m（图2-38）。

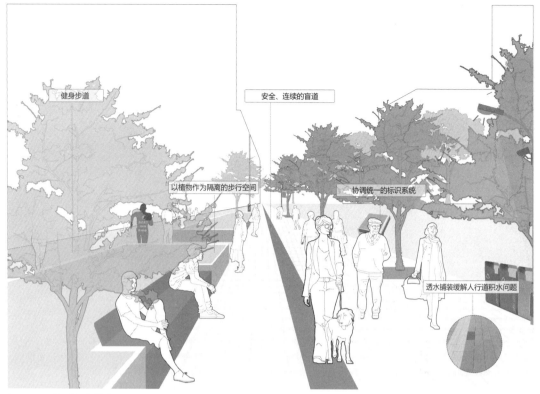

健身步道

安全、连续的盲道

以植物作为隔离的步行空间

协调统一的标识系统

透水铺装缓解人行道积水问题

图 2-38　人行道更新模式图

（2）避免机动车占用社区人行道停放

使用花坛、栏杆、路桩等设施在空间上对步行通行区进行隔离。确保行人路权，让行人的行走体验得到提升（图 2-39、图 2-40）。

图 2-39　巴塞罗那人行道景观[1]

图 2-40　鲍威尔街人行道景观[2]

1　图片来源：巴塞罗那蒙卡达和雷克萨奇之间的行人连接 /Batlleiroig[EB/OL]. [2022.10.9]. https://www.batlleiroig. com/en/projectes/carril-bici/.
2　图片来源：鲍威尔街长廊 /HOOD DESIGN STUDIO[EB/OL]. [2022.10.9]. https://www.hooddesignstudio.com/powellstreet.

图 2-41　武汉临江大道人行道盲道[1]

图 2-43　昆山"稚趣街角"铺装[2]

图 2-42　北京市和平里西街人行道

（3）人行道应设有盲道

人行道必须设有安全、连续的盲道，保障盲人的出行。不可随意占用盲道，盲道如磨损严重也需要及时更换，保证盲人群众的出行安全（图 2-41、图 2-42）。

（4）人行道可依据当地特色，从细节处体现人文关怀

例如疫情期间就可增设独立健身步道鼓励居民们健身锻炼，设置具有社区特色的知识系统，在社区的设施中可以展示社区的特殊标识，体现社区的独特性，增加社区居民之间的情感交流（图 2-43）。

（5）缓解人行道积水问题

可采用透水性铺装，并在透水性人行道铺装的边缘增设排水系统；采用深根系植物，防止其破坏路面，已被破坏的铺装需要及时更换。

2.2.4 停车区域

停车空间是社区生活空间的重要组成部分，是机动车和非机动车停放的必要场所。

1　图片来源：长江日报.临江大道改造排水施工基本完成，人行道铺装缝隙精细到 1 毫米 [EB/OL]. (2019.2.10). [2022.10.9]. http://news.cjn.cn/sywh/201902/t3350085.htm.
2　图片来源：稚趣街角 - "昆小薇"之昆山市柏庐中路 - 东塘街界面更新设计 / 上海亦境建筑景观有限公司 [EB/OL]. [2022.10.9]. http://www.edging.sh.cn/workShow.html?id=335.

1. 普遍问题

（1）停车位置少

老旧小区，公共区域少，布局规划滞后，大多没有地下停车位，地上停车位数量非常有限。

（2）车辆管理难

私家车在小区公共区域内乱停乱放，占据原有道路、绿化、公共空间等用地，甚至堵塞消防通道。

（3）缺乏非机动车停车区域

小区内非机动车停车点少且位置设置不合理。

2. 更新关键点

（1）拓展停车空间

车辆数量不断增加与现有车位不足的矛盾日益明显，最根本的解决措施是拓展停车空间。在对现有停车空间进行平面规划布局的基础上，还可以考虑进行立体布局。

（2）分时段共享停车空间

推进行政主体和企事业单位的专用停车设施在满足自身需求和保障安全的前提下对外开放，打破"内部使用"的刚性格局，以适当收费或特定时段免费停车措施来满足一部分市民的需求。

（3）规模化使用智慧停车系统

智慧停车分两个方面：一是停车场内部设施设备智能化；二是停车收费管理智能化（图2-44）。

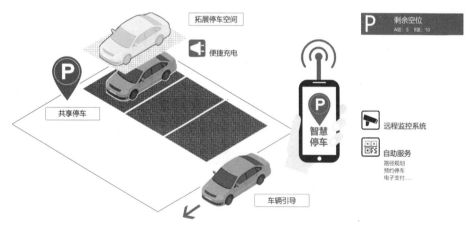

图2-44 停车区域更新模式图

（4）非机动车停放区和公共自行车租赁点应按照小规模、高密度的原则进行设置

非机动车停放区服务半径不宜大于50m；公共自行车租赁点服务半径以250m左右为宜。

2.2.5 道路绿化

道路绿化可以定义为在城市道路、立交桥、街头、广场绿地上，应用乔木、灌木、花卉、攀缘植物、地被植物等园林植物材料，通过不同的布局形式和栽植手段形成的景观，主要包括行道树绿带、分车绿带、防护绿带、基础绿带，以及立交桥、交通岛、街头、广场绿地等。

1. 普遍问题

（1）道路绿地预留不够

城市道路规划与城市道路绿地建设脱节，道路绿地预留不够，部分道路隔离带并非采用绿化植被分隔，而是以分车栏杆为主，分割效果与观赏性均不足（图2-45）。

（2）绿化养护不足

由于植物选择不当、缺乏养护管理等原因，无法维持较好的绿化效果和绿化质量，降低了场地及周边的环境品质（图2-46）。

（3）植物选择不当

片面强调绿化景观性，影响了道路的交通功能（图2-47）。

（4）缺乏整体规划

由于建设时存在建设时序的问题，每条道路多分段建设或分期实施，具体设计中，各路段差异性较大，最终导致绿带景观风貌不统一，景观整体性较弱（图2-48）。

图2-45　缺少道路绿化[1]

图2-46　绿化养护不足[1]

图2-47　植物阻挡视线[2]

图2-48　缺乏整体规划[1]

1　图片来源：百度地图 [EB/OL].［2022-10-09］. https://map.baidu.com/@11964137.24, 3638270.4, 12z.
2　图片来源：皖江晚报. 路口绿化树木遮挡通行视线　市民盼尽早消除隐患 [EB/OL].（2019.6.20）.［2022-10-09］. https://m.yybnet.net/maanshan/news/201906/9219081.html.

（5）缺少城市特色

道路绿化设计一味追求网红景观效果，弱化地域背景，缺少对乡土植物及周边环境的发掘，使得道路景观同质化，缺少地域特色。

2. 更新关键点

（1）合理布置分车绿带

主干路上的分车绿带宽度不宜小于2.5m，种植乔木的分车绿带不得小于1.5m，主次干路中间的分车绿带不得布置为开放式绿地；分车绿带的植物配置应形式简洁，树形整齐。分车绿带宽度小于1.5m的，应以种植灌木为主，搭配地被、花卉，其高度不宜超过0.7m，一般不宜种植乔木（图2-49～图2-51）。

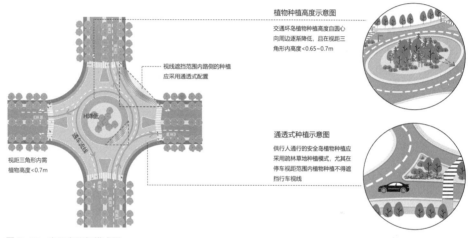

图2-49 交通岛更新模式图

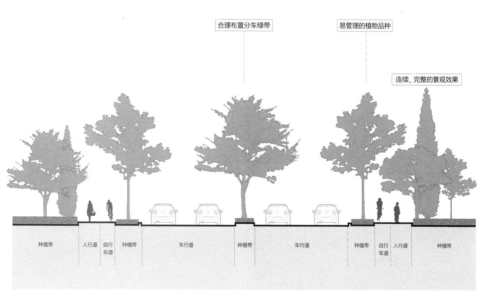

图2-50 道路绿化模式图

图 2-51 分车绿带

图 2-52 易管理植物配置

（2）注重植物品种的选择和配置

由于街道环境较恶劣且管理水平较差，应该选择耐寒耐旱较强、生长能力较强、绿期较长、并且管理起来比较容易的品种。植物配置应兼顾交通功能。两侧分车绿带宽度大于或等于 1.5m 的，应以种植乔木为主，并宜乔、灌、草结合。其两侧乔木树冠不宜在机动车道上方搭接。中间分车绿带应阻挡相向行驶车辆的眩光，在距相邻机动车道路面高度 0.6 ～ 1.5m 的范围内，配置植物的树冠应常年枝叶茂密，其株距不得大于冠幅的 5 倍（图 2-52）。

（3）兼顾植物景观效果

应根据相邻用地性质、防护和景观要求进行设计，并应保持路段内连续、完整的景观效果，在满足交通功能的情况下，营造优美的植物景观。可适当采用乔、灌、草、花相结合的搭配方式，选择体现地方特殊性的植物品种，重视植物的形态及季相色彩变化（图 2-53、图 2-54）。

图 2-53 兼顾景观效果

图 2-54 体现季相变化

2.2.6 案例研究

1. 案例：地安门外大街改造

项目地点：北京市平安大街以北，北二环以南，北京中轴最北端

项目规模：长约800m，宽约19~26m

项目简介：场地在长度上仅占北京传统中轴线的1/10，却是重要的旅游区域。本项目优先发展公共交通、鼓励步行及自行车交通、适度限制小汽车交通。例如通过缩减机动车道，为步行、自行车和公共交通腾退空间；抬高步道，消除台阶，增加了步行道宽度，创造了步行友好环境；机动车道与自行车道之间设置连续隔离带，提高了自行车出行的安全性及便捷性；精细化与差异化规划道路，充分利用每一寸道路空间。

案例总结：

（1）打破道路红线的限制，两侧建筑与道路改造协同实施。道路红线的划定，是按照现状历史建筑边界作为道路边界，画出一条凹凸不平的齿状红线，并非通常的两条平行线，这样既尊重了历史，又充分利用了每一寸道路空间（图2-55）。

（2）道路路权向步行与自行车倾斜并降低机动车道的路权和标准。地安门外大街的改造改变了执行多年的通过不断拓宽道路来疏堵的模式，首次将机动车道由3条缩减为2条，腾退出来的空间给予步行、自行车和公共交通（图2-56）。

（3）严格控制路侧停车空间。公交港湾适当延长，划定出租车停靠位，严格控制其余机动车路侧停车。

（4）分段差异化与精细化的设计。由于地安门外大街宽窄不一，两侧用地的情况也不同，再加上机动车、公交车、自行车、步行纷繁复杂的交通状况，大街的改造需要精细化的规划，根据不同区段的用地条件，安排不同的设施，提出针对性的设计指导措施。

图2-55 地安门外大街（一）

图2-56 地安门外大街（二）

2. 案例：崇雍大街改造

项目地点： 北京市东城区

项目规模： 长约 5.2km

项目简介： 崇雍大街南接天坛，北抵地坛，是除北京中轴线以外，现存最完整的老城轴向空间。项目范围北至雍和宫，南到崇文门。在城市更新过程中，设计团队试图构建符合当今需求的宜居、活力、特色的旧城外部空间体系。从街道景观的空间构成要素着手，通过对区域、界面、节点和细部各要素进行分类控制，协同建筑、景观等各专业，从而实现系统性的环境提升。

案例总结：

（1）保护区域格局。北京旧城的形成逻辑清晰，由四合院、胡同、街道所组成的城市内外空间，构成了多尺度、多功能、多层次的舒适宜人的人居环境。崇雍大街的景观更新分别从院落、胡同、街道三个层面对区域格局的保护进行了回应，具体措施包括示范院落先行改造、胡同渗透提升和街道系统施治。

（2）控制街道界面。项目通过对侧界面（主要为建筑、植物界面）和底界面（优化交通路板、铺装区分步道空间）的控制实现街道整体界面的优化提升（图 2-57）。

（3）营造景观节点。项目将景观节点分为三种，即连接型节点、主题型节点和缓冲型节点，它们共同构成了崇雍大街完整的景观体系。

（4）处理细部设施。主要为景观家具、景观小品的精细化处理，包括小型雕塑、座椅、垃圾桶、花钵、标识、阻车桩等采用统一的设计元素，保证整体风格、材质的统一（图 2-58）。

图 2-57 崇雍大街（一）

图 2-58 崇雍大街（二）

2.3 小微公共空间更新

城市小微公共空间是指处于街边、社区内或商业区等地，附属于特定功能地块的开放性公共空间，通常尺度在 1hm² 以内。小微公共空间是居民享受生活和社会活动的重要场所，对居民日常生活作用巨大。虽然宏观层面上，城市通过大型广场、公园、滨水绿道等建立起城市公共空间，但亟需从微观层面建设小微公共空间，以平衡大型公共空间在分布数量上的不均衡和空间尺度上的缺陷。本节将小微公共空间按照功能分为安全型、开放型、生态型、人文型、宜人型、活力型六类，分别对其进行空间更新阐述。

安全型小微公共空间是能提供相对私密的环境，并考虑到安全防卫，给人安全感的公共空间。需要这类公共空间的一般是社区、疗愈机构等，由于铺装不平整、场地较封闭、边界模糊、管理维护不善，在使用过程中容易产生安全问题。对于这些问题可采用柔化平整硬质铺装、提高场所可达性、界定场所边界等更新策略。

开放型小微公共空间是指开放的、能够满足人们开展群体和个体活动的、公共可达的公共空间。这类空间一般存在于商业区、交通枢纽区等，由于场地功能单一缺乏活力、通达性差、流线混杂等问题，需要对其进行适当的商业化，以激发场地活力。同时采用弹性化设计，提供多种使用方式，塑造开放的边界，提高通达性。

生态型小微公共空间是指以绿色资源为基础的城市公共开放空间，供给大众享受户外休养、游憩、观赏、散步、健身、运动等，保持城市居民的健康，增进身心的调节。在城市生活日益繁忙与紧张的今天，对此类空间的需求日益多样。但由于占用景观的空间，导致缺乏绿化、植物设计人工大于自然、同质化严重等问题，需要进行更新，采用集约资源以提高公共空间利用率，进行生态种植以改善环境小气候和绿化品质，同时运用生态技术以提升资源使用率。

人文型小微公共空间是将地方文化元素融入其中，形成统一的文化景观格局，是一个城市文化和品位的展示窗口，是居民和游客休闲交流的空间。此类空间现存在文化内涵不足、观赏性不佳、可持续性不强的问题。在进行更新时，首先要注重历史传承，塑造特色城市风貌。其次要增强文化认同，创设人文场所。

宜人型小微公共空间主要是指城市中面积偏小的、具有休憩功能的小型绿地。其功能主要以游憩功能为主，它们为人群在城市密集中心区提供便捷、宜人的休憩环境。此类空间普遍存在脆弱性极强、利用率不高、缺乏生活气息和地域文化的问题，在更新时要注重打造全年龄友好的空间，并梳理各个界面营造可持续的景观。

活力型小微公共空间是指为人们提供休憩、娱乐或进行科教文化活动的空间，具有充分的活力。此类空间可能因为交通割裂缺乏亲切感，或者空间"私有化"缺少联结。更新时对场地功能进行复合，营造多元活力空间，加强互动感知，提升场地活力属性。

2.3.1 安全型小微公共空间

1. 普遍问题

（1）铺装不平整，存在安全隐患

有的场地空间有限且部分硬质铺装破损，容易造成积水和安全问题。

（2）场地较封闭，存在死角空间

由于建设年代久远，有的场地被矮墙围挡，或者随着城市发展场地逐渐边缘化，从而形成较为封闭的空间。此类场所虽然是公共空间，但由于使用率低、存在视线盲区等原因，容易形成死角，发生垃圾随意堆放、私自搭建窝棚等情况，从而影响场地的使用。

（3）未划定边界，维护管理不当

有的场地位于道路交叉口旁，有的位于人流密集的商业区等。在此种情况下未划定场地边界，容易发生人流、电动车等在场地穿梭的安全隐患。同时有的场地维护管理不当，设施损坏未及时修理，树木枝丫长时间不修理，都容易产生问题。

2. 更新策略

（1）柔化平整硬质铺装，打造安全舒适空间

首先在进行选址时，要考虑周边环境、场地服务半径，选取有充足阳光、新鲜空气、适宜开展康体休闲、娱乐社交等活动的地点。其次要选择合适的材料，景观材料需要根据使用功能、使用位置及服务对象来选择（图2-59）。路面考虑采用防滑、腐蚀、耐磨损的材质，铺装间的间隙应尽量贴合。同时要重视设施安全性，科学规范地布置照明设施，维护公园夜间安全。游戏、休憩设施的棱角做成圆角，必要时用橡胶作为保护层。对于需要无障碍设施的场地，设置专用的便捷通道和保护措施，通常在不便通行或者需要转弯、存在一定高差的区域都应设置导盲块。

（2）提高场所使用率，提供安全的使用体验

当场地较为封闭时，容易产生一些安全隐患，去掉场地不必要的硬质围挡，将过于茂密的树木进行疏伐，有利于居民进入使用，同时起到有效的监督作用。在有水体的公共空间里，要提高水体安全性，根据水体类型控制合理的水体深度。可以采用一定的遮挡物或者植物营造高低错落的景观，对空间起到一定的阻隔。同时要考虑绿化设计安全性，选用根系发达、适应力强、树冠较密且枝干不易被风折断的树种，能够起到抗污染和防扬尘的作用。

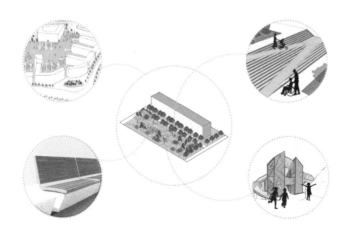

图2-59　安全型绿色公共空间策略模式图

（3）地形变化界定空间，场地维护提升品质

公共空间也需要进行适当的围合，在注重公共性与开放性的同时，也要考虑空间与道路的过渡，可以采用高差、绿篱等进行边界的划分，避免干扰（图2-60）。在场地边界要打通视线廊道，因为车行道和人行道需要视线通透。同时选用枝下高比人眼高度更高的树木，这样能让人感到更安全。加强公园管理及后期维护，定期进行安全维护，对损坏、老化的铺装、植物或者景观设施进行更换或者维修。

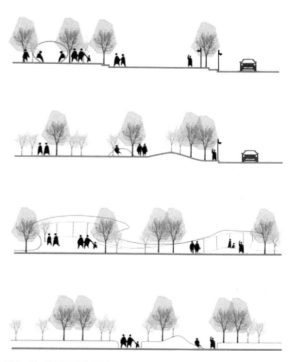

图2-60　边界围合类型图

3. 案例：万州吉祥街城市更新

项目地点： 重庆市万州区万达金街

项目规模： 2400m²

项目简介： 在万州老城区存在很多地势很窄、很高、破败杂乱的老街巷，这些老街巷正在失去它原本的生活气息，变得沉闷不安全。老城区政府希望以万达金街的更新改造为切入点，为万州老街巷的安全改造提供一个有效示范（图2-61）。

案例总结：

（1）在原本狭窄破败的甬道中安装文化景墙，既能展示老城风貌、增加文化底蕴，又能为居民提供一条温暖的回家之路（图2-62）。同时在场地中安置多种地灯、射灯，精心的设计不仅使之成为景观的一部分，还为场地提供了适当的照明（图2-63）。

功能分区
① 巷馆 - 多功能艺术跨界空间
② 时光博物馆
③ 城市图书馆
④ 览书一隅
⑤ 大树咖啡吧
⑥ 早餐万州
⑦ 深夜食堂
⑧ TG 刺绣坊
⑨ 剃头匠
⑩ 小卖部
⑪ 万巷集市
⑫ 月光剧场
⑬ 月光广场
⑭ 月影 Bar
⑮ 月影墙
⑯ 万巷记忆

图2-61　万达金街更新平面图[1]

1　图片来源：纬图设计机构. 万州吉祥街城市更新 [EB/OL]. [2022-06-07]. http://www.wisto.com.cn/home.html.

图 2-62　文化景墙[1]

图 2-63　夜间照明[1]

图 2-64　甬道入口[1]

图 2-65　老街商业[1]

（2）在狭长甬道的入口处设置轻盈的栅格拱门，作为进入老街的起点（图 2-64）。在空间局促的引入段，对之前杂乱的停车空间进行梳理，调整之后的甬道给行人豁然开朗之感。

（3）为了给街区注入活力，恢复老街充满烟火气的氛围，在改造更新中合理地置入商业（图 2-65）。由于场地本身的特点，对部分临街建筑进行提升更新，商业主要以点状的形式入驻。为了吸引年轻群体，激发社区活力，在老街中打造网红咖啡店，推动地摊经济发展等。

2.3.2 开放型小微公共空间

1. 普遍问题

（1）场地功能单一，缺乏活力

由于城市公共开放空间大多数是服务性、非营利性的，不具有经济效益，因此导致开放型小

1　图片来源：纬图设计机构. 万州吉祥街城市更新 [EB/OL]. [2022-06-07]. http://www.wisto.com.cn/home.html.

微公共空间缺失、空间功能单一且分布不合理，这也导致人们很难停留在空间内展开活动，缺乏活力。

（2）场地通达性差，流线混杂

有的场地虽然位于便于到达的位置，但管理方为了方便，直接将其围挡，只留下几个出入口，造成场地通达性差。而有的场地则与之相反，几乎没有围挡，造成人车混行，流线混杂。

2. 更新策略

（1）适当商业化，激发场地活力

对于一些开放型空间进行适当的商业化更新，可以使场地具备更多地功能，吸引更多人使用，同时也可以给城市带来活力和商业效益。在进行商业化的时候要考虑居民的生活习惯、消费喜好等，同时通过休闲娱乐、文化熏陶类的商业化空间实现人们内心追求品质、注重舒适的心理需求。

（2）采取弹性化设计，提供多种使用方式

在更新时，可以考虑不同群体在不同情况下的使用需求，进行弹性化的设计以此缓解需求变化带来的矛盾，采取更加灵活、更加易于酌情变化的方式建构空间。在空间中可以开展不同的活动，让空间使用者能够自主对空间进行合理安排，将有限的空间创造出无限的可能。

（3）塑造开放的边界，提高通达性

在更新中多采用步入式绿地，与城市道路相互连接，与下沉式绿地和抬升式绿地比起来，步入式绿地既便于进入又更经济（图2-66~图2-68）。步入式绿地的边界主要通过铺装质地及纹理变化来划分，入口处可以采取和人行道相同或者类似的铺装形式，加强道路与场地的连续性，引导行人进入场地。

图2-66　下沉式绿地

图2-67　抬升式绿地

图2-68　步入式绿地

3. 案例：东山少爷南广场社区公园改造

项目地点： 广州市越秀区东山口

规划规模： 898m²

项目简介： 东山少爷南广场地处广州市越秀区东山口，是一个街角小微空间。广场虽然连接着商业区和生活区，同时也是公交站的始发站和终点站，有很大的人流和使用需求。但是公园本身却非常老旧，缺少公共维护，需要对其进行更新，打造一个有地域文化特色和舒适休憩空间的小微

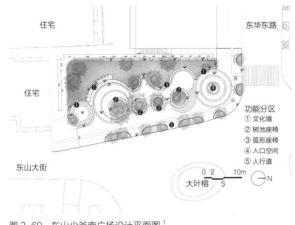

图 2-69 东山少爷南广场设计平面图[1]

图 2-70 东山少爷南广场设计轴测图[1]

空间（图 2-69、图 2-70）。

案例总结：

（1）在街角打造便于使用的休憩空间。场地采用圆润的曲线设计，将树池设计成弧形，便于提供座位，同时抬高地形，保留现状高大乔木，形成视野开阔的林下荫蔽空间（图 2-71）。

（2）通过地域文化的再设计激发场地活力。将东山历史文化介绍融入小剧场的立墙，唤醒人们关于地域文化的记忆（图 2-72）。同时绿意盎然的草坪、光滑石凳上的斑驳树影、夜间灯光温暖的光晕等，一起营造出舒适而又静谧的氛围。通过设计语言将美好融入人们的日常生活中，激发出了场地活力。

（3）深入细致的细节设计。广场的设计元素不多，但都精于细节。地面铺装沿着圆形树池铺开，像是树荡开的涟漪（图 2-73）。树池的高度贴合人体尺度，同时边缘都打磨圆滑，适合行人停坐。带状和点状光源都根据场地特点布置，广场的夜景也丰富灵动（图 2-74）。

图 2-71 弧形树池[1]

图 2-72 东山历史文化墙[1]

---

1 图片来源：哲迳建筑师事务所．东山少爷南广场社区公园改造 [EB/OL]．[2022-06-07]．http://way-a.com/．

图 2-73 铺装[1]

图 2-74 灯光设计[1]

2.3.3 生态型小微公共空间

1. 普遍问题

（1）占用景观，缺乏绿化

有的场地楼间距窄小，且管理不到位，导致绿化空间被占用，用来缓解其他空间的问题。最后绿化空间所剩无几，建筑密度、地面硬化率过高，景观与活动彻底分离，只能满足居民基本的生活需求。

（2）人工大于自然，植物设计同质化

各种植物的配置方式单一，没有多层次的结构，过于人工化。植物材料的选择不符合当地的实际条件，需要过多的人工养护，且追求快速的绿化效果，导致植物设计同质化严重。

2. 更新策略

（1）资源集约，提升公共空间利用率

合理布局公共空间，选择集约开放的绿色空间布局模式，设置多功能活动空间，满足绿化、停车、休憩等多种需求，平衡软硬质景观比例，提高公共空间适应性和使用灵活性。同时增强不同风貌、不同时段内公共空间的针对性管理。更新时通过多种方式增加公共空间绿量，鼓励根据条件设置垂直绿化、屋顶花园、盆栽、花箱种植、与设施结合的绿化等。

（2）生态种植，改善环境小气候和绿化品质

注重植物选择，适当保存原始自然要素和景观风貌，选择因地制宜、管理维护成本低、稳定性高的乡土植物材料和建材，依据植物生长习性进行科学植物配置，兼顾生态价值与视觉效果。注重保护植物多样性，采用多层次的植物群落，有效发挥生态作用，提升公共空间景观色彩多样性、可识别性，并与周边环境相协调。

1　图片来源：哲迳建筑师事务所．东山少爷南广场社区公园改造 [EB/OL]．[2022-06-07]. http://way-a.com/.

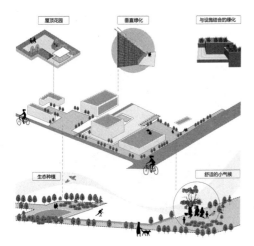

图 2-75　生态型绿色公共空间模式图

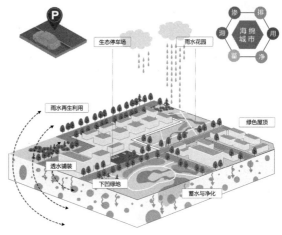

图 2-76　"海绵"绿色公共空间模式图

（3）运用生态技术，提升资源使用效率

打造海绵空间，选择透水性材料进行铺装设计，如透水性沥青路面、透水性砖、天然砂石、停车场植草砖和植草格等，有利于地下水的循环。还可设置下凹绿地、植草沟、雨水湿地等蓄水及雨水再利用设施，尽可能将雨水、人工水景用水、绿地灌溉、道路冲洗等系统相连，提高水资源使用效率。设置适当的水景可丰富空间环境，调节小气候，增强场所舒适感，应充分利用雨水，并考虑低成本的驳岸、池底形式，发挥水生植物和水体的自净功能，并尽可能满足亲水性需求（图 2-75）。在考虑水资源利用的同时也要注意节能环保，公共空间建设应运用生态技术，减少能源和资源的消耗。在前期施工和后期养护过程中，应利用先进的施工工艺和技术，降低对自然环境的破坏。建设过程应选择无公害、可回收、耐久性好的环保材料（图 2-76）。

3. 案例：绿色英亩公园（Greenacre Park）

项目地点： 美国纽约曼哈顿第二、第三大道和第 51 街之间

规划规模： 590.8m^2

项目简介： 绿色英亩公园内通过空间、植物和水景设计打造舒适的休憩场所，在喧闹的街头创造一处宜人的小微空间。公园按高低可以分为三个层次：入口平台区、上几级台阶的花架座椅区以及下几级台阶的瀑布水景区（图 2-77、图 2-78）。园中的植物配置很精致，入

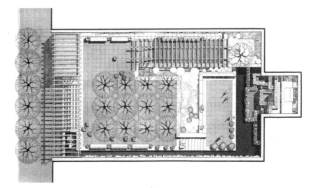

图 2-77　绿色英亩公园平面图[1]

1　图片来源：Sasaki 设计公司. 绿色英亩公园 [EB/OL]. [2022-06-07]. https://www.sasaki.com/zh/home/.

图 2-78 绿色英亩公园剖面图[1]

图 2-79 公园实景照片[1]

图 2-80 公园实景照片[1]

口座椅区是无刺美国皂荚。瀑布提供视线焦点和生动的景观，配上瀑布前树形舒展、优雅的皂荚，构成一幅意境十足的画面。

案例总结：

（1）场地打造了丰富的多层次休闲空间。场地巧妙地利用园林树木和植物，结合水景地形，形成高低错落、丰富多层次的休闲空间（图 2-79）。

（2）设计时注重营造舒适小气候。平台上棚架结构的丙烯酸穹顶，安装了照明和暖气设施，供晚上和寒冷天气使用。多层次的平台空间、可以移动的座椅，使此处形成夏有树荫斑驳、瀑布清凉，冬有温暖阳光、取暖灯具的都市绿洲（图 2-80）。

2.3.4 人文型小微公共空间

1. 普遍问题

（1）文化内涵不足

地域特征性模糊，一味地注重技术，或是仅仅偏重文化艺术形式本身的别致。文化元素与使用功能没有很好融合，功能性缺失，研究方法以主观判断为主，缺少基于文化内涵分析的研究。

---

1 图片来源：Sasaki 设计公司. 绿色英亩公园 [EB/OL]. [2022-06-07]. https://www.sasaki.com/zh/home/.

（2）观赏性不佳

集中表现在植物搭配效果欠佳、构筑物缺乏创新性和文化主旨性等场地问题，无法形成自身的历史文化积淀。

（3）可持续性不强

"大拆大建"的传统固化思维，使得很多文化街区的开发都采用简单粗暴的复制山寨方式，失去自身的内涵韵味。

2. 更新策略

（1）注重历史传承，塑造特色城市风貌

协调风貌，坚持做好历史文化名城保护和城市特色风貌塑造，保持地域文化特征和历史文脉，挖掘活化文物及非物质文化遗产、老字号等文化资源优势，将当地民风习俗融入公共空间设计，关照居民的生活习性。同时也要与时俱进，将新旧交融，新建建筑、构筑物、设施等的尺度、样式、色彩应与周边风貌协调，注重新旧结合（图2-81）。

（2）增强文化认同，创设人文场所

完善文化服务设施，打造人性化的交流空间、丰富的休憩娱乐场所。鼓励设施艺术化处理，多采用经济环保性高的设施，设施风格应与周边环境相协调。可开展独具特色的文化体验活动、微展览、微剧场等活动，强化文化认同感和凝聚力。

图2-81 人文型绿色公共空间模式图

3.案例：灶下村榕树广场更新

项目地点：深圳市宝安区

项目规模：65000m²

项目简介：此项目所在地深圳市宝安区灶下村是深圳快速城市化过程中形成的城中村。灶下村以广府人和客家人居多，有丰富的地方文化。但外来务工人员数量多、流动性大，给城中村环境优化带来一些困难。2018—2020 年，宝安区全面开展"双宜小村"创建工作，进一步提升城中村的基础设施和环境水平（图 2-82）。

图 2-82　轴测图 [1]

案例总结：

（1）保护百年老树延续乡愁记忆。广场上的三棵榕树都有超过 200 年的树龄，虽然灶下村的建筑不断变化，但大家始终习惯到榕树下乘凉聊天，榕树代表着"家"和"根"（图 2-83）。

（2）改建提升村民自建的土地庙。本地村民有自己的文化信仰，在靠近马路的大榕树下自发搭建了

图 2-83　榕树下乘凉 [1]

土地庙，但用铁桶和挡板搭建，不便于使用。和社区、居民多次沟通后，设计团队用传统的土地庙

1　图片来源：自组空间 . 灶下村榕树广场 [EB/OL].[2022-06-07].https://www.zzkj.pro/.

图 2-84　文化墙[1]

图 2-85　文化墙[1]

方案对其进行了更新提升。

（3）重塑历史文化边墙，重新演绎灶下文化。设计团队对村内的环路进行疏通，释放了闲置空间，在尊重当地文化的前提下，进行了历史文化墙改造（图 2-84、图 2-85）。

2.3.5 宜人型小微公共空间

1. 普遍问题

（1）空间脆弱性极强

其建设年代久远，使用功能衰退，空间年久失修，具有一定的安全隐患。

（2）小微公共空间使用困境遭遇社会老龄化

社区老人缺乏合适的社交休憩场所，同时没有建立社区共享共治理念，造成管理混乱。

（3）空间利用率不高

设施安排粗放，使用效率低，环境品质低下，充斥杂物。

（4）缺乏生活气息和地域文化

有些空间尺度不适宜，使用形式单一，造成使用体验沉闷无趣。

2. 更新策略

（1）景观介入，打造全龄友好空间

对于儿童，从儿童友好出行及快乐成长角度出发，提升公共空间活动品质，满足片区儿童互动交流的多元需求，提供人文趣味的场所体验。对于老人，要注重适老设计，营造适老化空间，挖掘生活原真性（图 2-86、图 2-87）。同时提高设施可靠性，集约设置各类基础设施和城市家具，合理布局，提升质量。出于人性化考虑，应设置无障碍设施，满足各类人群的使用需求。做到步行有道，优先保障行人，对步行道、骑行道、机动车道等空间进行铺装上的区分，保障慢行系统的连续、通畅。

（2）界面有序，营造可持续性景观

要有适宜的尺度，空间内设置的座椅等设施应符合人体工程学原理，场地铺装满足防滑要求。

1　图片来源：自组空间．灶下村榕树广场［EB/OL］．［2022-06-07］．https://www.zzkj.pro/．

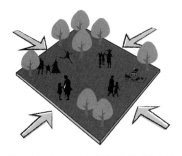

图 2-86　为多年龄段人群服务的公共空间　　图 2-87　各类设施完善，步行有道，塑造人性化空间

同时塑造人性化的街墙尺度，1.5∶1~1∶2 之间的高宽比较为宜人。色彩协调，空间顶界面、底界面和侧界面通过利用各类建筑材料和植物，结合空间特色，进行色彩优化，保障各区域内的空间界面色彩风格统一、协调，给使用者舒适的视觉观感。材料安全，合理选用环保、安全、创新的材料进行更新，在保证使用者安全的同时促进城市环境的可持续发展。

3. 案例：上海白云庭院

项目地点： 上海市长阳路 138 弄

项目规模： 380m²

项目简介： 该项目所在的社区原本是"第二次世界大战"期间上海最大的犹太难民收容所，但如今已经破败、凋敝。政府希望通过城市微更新的方式，提升居民生活品质，让老社区焕发新活力。社区庭院由一个大的公共绿地和三个小的私家绿地组成，在满足居民晾晒等生活需求下，打造宜人、舒适的庭院空间（图 2-88）。

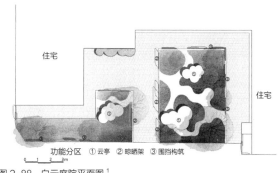

图 2-88　白云庭院平面图[1]

案例总结：

（1）疏通置换地下管道，解决场地原本存在的积水返臭问题。设计师从场地的根本性问题出发，在不增加预算的前提下，将复杂的地下管线梳理修缮，为之后的景观改造创造良好条件（图 2-89）。

（2）以白云和山为符号，统一围栏、晾衣架和置物架的形式。社区中心的绿地承载着居民许多的生活功能，设计师通过一系列的装置，不仅满足了功能需求，又打造了温和而独具特色的庭院空间（图 2-90）。

1　图片来源：非作建筑 . 上海白云庭院 [EB/OL].[2022-06-07].http://www.wutopialab.com/.

图 2-89 修理后的庭院 [1]

图 2-90 置物架 [1]

（3）针对场地进行适当美观的种植。综合考虑到适应环境的植物种类、居民的喜好、是否遮光等要求，经过多次耐心的协商调整，最终呈现出"很大很美的花园客厅"。

2.3.6 活力型小微公共空间

1. 普遍问题

（1）交通割裂，缺乏亲切感

机动交通与人的活动形成冲突，使人前往公共空间的可达性降低，同时宽大的道路将公共空间割裂，使得场地缺乏亲切感。

（2）空间"私有化"，缺少联结

地产开发占据了大面积地块，使原属于公共的空间被"私有化"，导致整个区域被划分成小块各自封闭，将城市生活隔离在住区之外，城市小微公共空间缺乏与居民多样化生活的联结。

2. 更新策略

（1）功能复合，营造多元活力空间

打造开放空间，复合利用土地与空间资源，塑造多样的活动类型，如音乐、文体、儿童科普等。人是场所活力的直接体现，增设科普花园等开放空间，让使用者参与雨水管理、植物科普等活动中，人与城市亲密互动（图 2-91）。

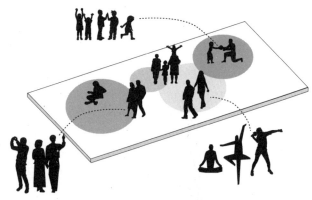

图 2-91 开放空间示意图

---

1 图片来源：非作建筑. 上海白云庭院 [EB/OL]. [2022-06-07]. http://www.wutopialab.com/.

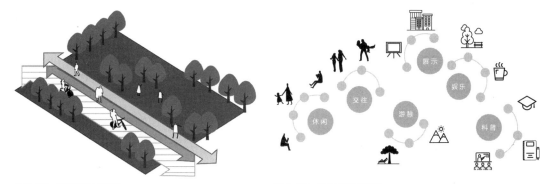

图 2-92 优化交通示意图　　　　　　　　　　　　　　图 2-93 业态提升示意图

优化交通组织，空间的可达性与人车流线情况紧密相关。重组场地交通流线，优化使用者出行路线，可以增强各功能区块之间的复合性，提升场地活力（图 2-92）。

提升业态水平，鼓励业态的多样性，商业空间通过业态梳理，形成连续且有整体识别性的空间界面，保护空间文脉，提升空间特色风貌，吸引人流（图 2-93）。

（2）互动感知，提升场地活力属性

科技互动体验，利用装置的艺术性、娱乐性丰富公共空间的视觉效果和文化表达，调动参与感和体验热情。

塑造体验空间，将空间变为使用者的户外客厅，提供舒适的活动。提高场地与设施质量，打造体验式、沉浸式的绿色公共空间，触媒式点状激活场地。

引入智慧设施，集约整合空间设施与城市家具，并进行智能管理。结合使用者需求进行交互辅助，促进空间智慧转型。同时加强空间环境检测保护，促进智能感应并降低能耗，塑造低碳空间。

3. 案例：百花二路儿童友好街区

项目地点： 深圳市福田白沙岭片区

项目规模： 1800m^2

项目简介： 项目周边有多所学校，为了满足儿童和居民的安全出行，以及多元互动的需求，项目依托"一路一街"改造计划，从多个维度对场地进行提升，包括慢行步道、临街界面、人文活动等，希望打造深圳第一个儿童友好示范街区（图 2-94）。

图 2-94 总平面图 [1]

1　图片来源：深圳市城市交通规划设计研究中心股份有限公司．百花二路儿童友好街区 [EB/OL]．[2022-06-07]．http://www.sutpc.com/．

案例总结：

（1）优化场地的交通条件。打造人行、自行车通行、非机动车停车区域。在上学和放学时段人流激增的情况下也能有条不紊，保证了街道的可达性和流通性（图2-95）。

（2）使孩子参与场地设计，寓教于乐。将原有1800m²的封闭式绿地小径打造成儿童户外生活的"城市客厅"；组织沿街的孩子参与活动设施的选型过程中，从小培养孩子"共享共建"的家园意识，共创百花场地记忆。

（3）复合空间功能，为孩子们提供玩耍场所。将原本封闭式的绿地改造成儿童的户外活动场所，组织孩子参与场地设计，培养共建共享意识（图2-96）。

（4）打造生态课堂，设计自然科普教育场所。通过雨水花园，让孩子了解雨水、土地和植物之间的关系，增强与自然的连接（图2-97）。同时在场地各处设置科普设施和文化展墙，吸引行人进入场地（图2-98）。

图2-95 交通梳理[1]

图2-96 儿童活动场地[1]

图2-97 雨水花园[1]

图2-98 科普装置[1]

1　图片来源：深圳市城市交通规划设计研究中心股份有限公司. 百花二路儿童友好街区 [EB/OL]. [2022-06-07]. http://www.sutpc.com/.

2.4 建筑公共空间更新

城市建筑公共空间因其场所性、开放性和边界模糊性的特点，与城市景观环境相互交叠成体系。建筑界面是限定建筑空间的边界要素，具体概念为建筑内外空间临界处的构件及其组合方式。建筑界面的形态往往是人对于建筑的第一印象，关系到建筑的整体形态。文中讨论的界面概念偏重"外"的特征，以区分于建筑内界面，建筑公共空间更新包括材质、门窗、辅助设施、商业外摆等的提升。其主要有四个方面的存在意义：作为外层围护体系；展示建筑界面的整体视觉形象；与自然环境和人文环境相关联；与内外空间行为体验关联。

2.4.1 界面风貌控制

建筑界面风貌常以建筑材质、色彩作为更新重点，建筑材质是在建筑工程中所应用的各种材质。建筑材质种类繁多，大致分为以下几类：

（1）无机材质，包括金属材质（包括黑色金属材料和有色金属材料）和非金属材质（如天然石材、烧土制品、水泥、混凝土及硅酸盐制品等）。

（2）有机材质，包括植物材质、合成高分子材料（包括塑料、涂料、胶粘剂）和沥青材料。

（3）复合材质，包括沥青混凝土、聚合物混凝土等，一般由无机非金属材料与有机材料复合而成。

根据建筑界面所处的空间环境，可将建筑公共空间界面风貌控制划分为交通型街道建筑界面、生活型街道建筑界面、老旧小区建筑界面三大类。

1. 普遍问题

（1）沿街界面建筑分布零散，缺乏整体性，部分建筑缺少维护，外立面出现剥落破损，立面污渍显现。沿街商铺门店形式单调、乏味。街道建筑风格杂乱，缺乏统一性和地域特色。

（2）老旧住区建筑界面建筑形式、色彩单一、可识别性差，部分建筑存在墙体墙皮脱落、破损情况。

2. 更新关键点

（1）交通型街道建筑界面

交通型街道主要由城市主、次干道组成，以交通通行为主导功能。建议沿街建筑风貌整体简洁大气、连续、色彩协调、风格多样统一；交通型街道建筑界面应统一退界标准，形成整齐、连续的街道界面景观；街墙界面应形成高低错落、前后层次丰富的梯度变化关系，营造变化丰富、优美的建筑天际线；临街界面应合理控制高层建筑间口率，形成通透、开敞的建筑界面；鼓励结合城市视线通廊设计，打开一定宽度的街道界面，让行人在车行道上体验到城市风貌特征。可使用锯齿状的立面与周边环境互动（图2-99、图2-100）。

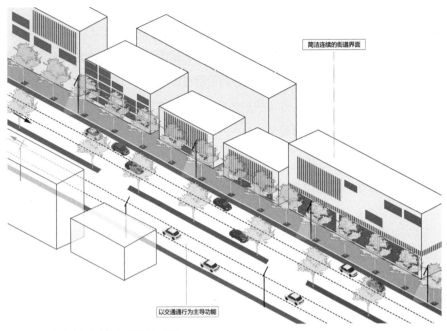

图2-99　交通型街道建筑界面更新模式图

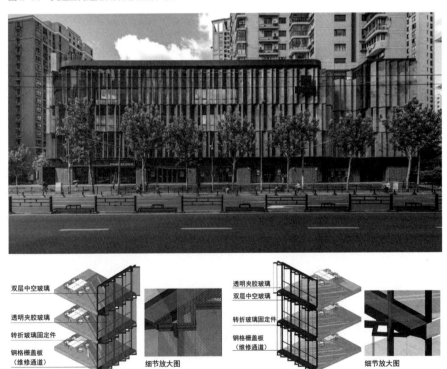

图2-100　上海前社Nexxus[1]

1　图片来源：NEXXUS SHANGHAI[EB/OL].[2022-10-08].https://aim-architecture.com/projects/nexxus_shanghai.

（2）生活型街道建筑界面

生活型街道主要以城市次干道、支路及以下道路构成，并与绿道和慢行交通相结合，所经地块以居住、商业、公共服务功能为主，是人们日常生活的重要场所。老城区生活型街道临街建筑风貌以体现传统历史老城风貌为主，材质以继承本土传统原料为主，建筑尺度小巧宜人，营造连续、活跃的沿街界面，建筑屋顶可采取坡屋顶形式，建筑立面建议适当增加文化历史元素，展现老城风韵。建议充分尊重建筑形态结构的现状，可将其质朴的特点作为宝贵的价值以及历史的产物（图2-101）。从尊重历史原真性出发，对建筑风貌重新梳理，有机保留各个年代的文化积淀和历史记忆（图2-102、图2-103）。新城区生活型街道临街建筑风貌以时尚活力的现代风貌为主，材质主要采用玻璃幕

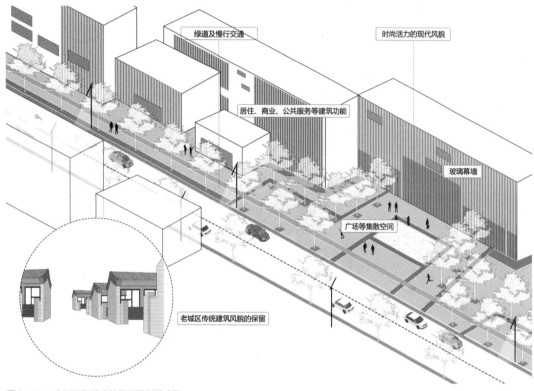

图2-101　生活型街道建筑界面更新模式图

图2-102　西班牙老城教堂立面改造[1]

1　图片来源：la Trinitat-NUA arquitectures[EB/OL].［2022-10-08］.https://www.nuaarquitectures.com/la-trinitat/.

图 2-103　南头古城南北街建筑风貌改造 [1]

1　图片来源：城市更新｜南头古城与活化项目 [EB/OL].[2022-10-08].http://www.szbowan.com/bwjp/html/140.html.

墙来打造简洁通透的建筑界面，立面构图富有层次感，体现开放、宜人的新城风貌。

（3）老旧小区建筑界面

针对不同老旧小区风貌采用不同的外墙修饰样式，尽可能做到统一和谐；可创造一个柱廊作为灰空间为路人提供休憩的去处，同时可消解堡垒一般的厚重立面；外墙面修饰应尽可能干净整洁，在一定年限内不会存在安全隐患。局部立面可运用个性化的涂鸦艺术点缀小区，增添小区的生活气息；抹灰（涂装）类、饰面砖类的外墙面，应按基层、面层、涂层的表里关系，由里及表地进行更新改造；新旧抹灰之间、面层与基层之间必须粘结牢固。可采用掺入白石子的水泥砂浆，镶嵌不同尺寸的金属（图 2-104、图 2-105）

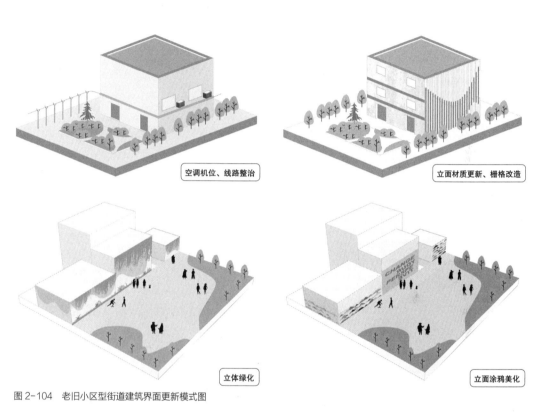

图 2-104　老旧小区型街道建筑界面更新模式图

图 2-105　徐汇区枫林路街道社区文化活动中心立面更新改造前后对比 [1]

1　图片来源：无限透明的微笑｜枫林路街道社区文化活动中心立面更新 [EB/OL].（2019-12）.[2022-10-08]. http://www. wutopialab.com/worksinfo.aspx?id=67.

2.4.2 围护结构

门和窗是建筑物围护结构系统中重要的组成部分，按其所处的位置不同分为围护构件或分隔构件。门和窗是建筑造型的重要组成部分，也是节能设计中的重要内容，有较高的密闭性要求。

1. 普遍问题

（1）私人改建门窗与街区风貌不统一。

（2）老旧小区内门窗缺失、破损，导致小区存在安全问题。

（3）部分商业街大开窗导致热量损失严重。

（4）高反射率玻璃幕墙造成光污染。

2. 更新关键点

（1）大门

大门样式的选择要结合街区的整体风貌，历史街区应尽量选用传统样式与整体环境统一的纹样材质；老旧居住区对楼栋门进行维修或增添更换，对公共空间封闭管理，提升小区居民安全感；后期管养中对大门形成规范化的管理要求，避免乱贴乱挂；建议在不破坏原有建筑结构的条件下，将原本单调的门洞进行重组与排列，让整体的视觉感受更强（图2-106）。

（2）外墙与窗

外墙隔热保温改造：外墙涂反射隔热涂料。

外窗节能改造：贴玻璃隔热膜、更换节能型外窗。

完善外遮阳设施：东西向增设或改进外遮阳设施，南向通过加扩建阳台固定遮阳。

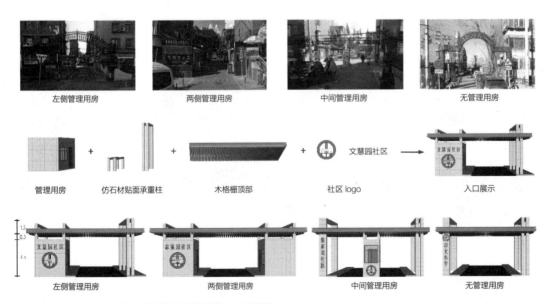

图2-106　北京市海淀区文慧园路街道空间整治提升——大门改造

修缮楼宇公共部位窗户。外窗改造时，窗体应安装牢固，开启扇应开启灵活、关闭严密，窗框与墙体间应采取有效的保温和防水密封构造，可开启面积不应小于窗面积的30%。门窗尺寸大小应与建筑立面比例相协调，建议在保留老建筑的墙面及规则窗洞形态的同时，打造现代简洁的立面（图2-107~图2-109）

图 2-107　稚趣街角 ——"昆小薇"之昆山市柏庐中路 - 东塘街界面更新设计 [1]

图 2-108　上海霞飞织带有限公司厂房改造 [2]

1　图片来源：活力东门："昆小薇"行动计划之昆山市"稚趣街角 & 学区路"设计 [EB/OL]. (2020-11-09) [2022-10-08]. http://www.edging.sh.cn/workShow.html?id=335.
2　图片来源：长江文创园（霞飞织带有限公司厂房改造），上海 [EB/OL]. [2022-10-08]. https://www.tyarchitects. com/?post_type=products&page_id=14083).

图 2-109　Modern Life 商业街区立面更新 [1]

2.4.3 附属设施

建筑附属设施是指与房屋不可分割的各种附属设备或一般不单独计算价值的配套设施，包括电梯、空调、安防设备、照明设备、消防设备、监控设备、综合布线、弱电系统、给水排水设备等。

1. 普遍问题

（1）各类附属设施杂乱堆砌，影响立面效果。

（2）空调室外分体机随意安置，降低制冷效果，影响美观。

（3）室外机冷凝水滴水严重，造成路面污染。

（4）外立面私搭乱建，造成安全隐患。

（5）部分外墙需要进行隔热保温改造。

（6）广告牌位置杂乱、底色饱和度过高。

2. 更新关键点

（1）改造外墙强弱电、雨落管

应对敷设于建筑外墙的通信及有线广播电视等线路进行综合统筹改造，必要时可进行管线入

1　图片来源：Modern Life 商业街区立面更新 - 社区的新生活方式 [EB/OL]. [2022-10-08]. https://www.funconn.com/67.html.

楼改造。当改造或增设外墙雨落管和储水箱（桶）时，应结合立面修缮确定颜色及样式（图2-110~图2-114）。

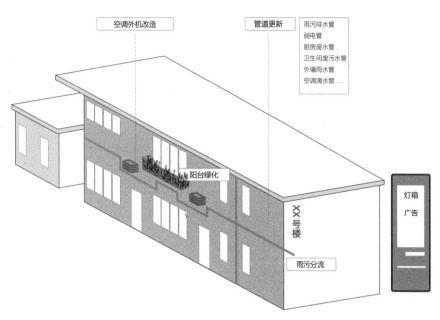

图2-110　建筑附属设施更新模式图

  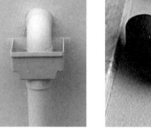  

图2-111　PVC雨水管（圆/方）　　　　　　图2-112　金属雨水管

图2-113　陶制雨水管　　　　　　图2-114　雨污分流设施[1]

1　图片来源：　越秀 | 梅花路3-21号大院蝶变的背后，原来经历了这些……　[EB/OL].（2019-09-05）[2022-10-08]. https://m.sohu.com/a/338912936_120045188.

图 2-115　南头古城南北街建筑风貌改造[1]

（2）室外冷凝水排放

阳台内墙和首层地面的空调可使用自由落水的形式进行冷凝水排放，除此外的室外机均需设置排水管组织冷凝水排放。

（3）加固改造外墙灯箱广告

当改造或增设外墙灯箱、广告牌时，应与建筑外墙面统一加固改造，并应与整体建筑风貌相协调（图 2-115）。

（4）规范空调室外机布置

空调室外机位改造时，布设位置宜整齐规范。不满足安全要求的空调室外机支架应进行更换或增设防护设施。设置装饰物时应考虑对设备热工性能的影响。

建筑立面的改造在拆除不锈钢防盗窗和凌乱的空调室外机后，可保留两扇窗户成组形成一个窗套，把空调室外机位巧妙地隐藏于窗户之间的格栅后方（图 2-116）。

（5）改造阳台风貌

阳台改造时，同类型住宅楼风貌、色彩宜统一，栏板材质造型应简洁美观，与居住区整体风貌相协调。

1　图片来源：城市更新 | 南头古城与活化项目 [EB/OL]. [2022-10-08]. http://www.szbowan.com/bwjp/html/140.html.

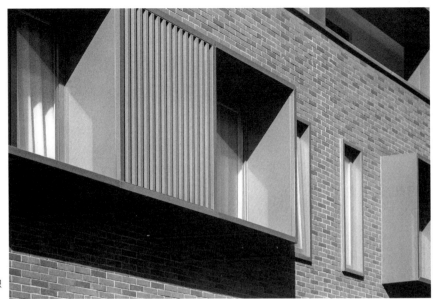

图 2-116　上海霞飞织带有限公司厂房改造[1]

（6）拆除或改造外窗护栏

　　建筑首层外窗进行护栏改造时，外皮宜与楼外墙面平齐或安装隐形护栏，宜拆除二层及二层以上业主自行安装于外墙面的外窗护栏，可采用红外充电护栏等新安保技术。对于老旧小区，考虑经济和市场因素，推荐采用不锈钢外窗护栏，形式上必须统一，避免样式过多，不凸出外墙。

2.4.4 商业外摆

　　商业外摆，是指沿街商家充分利用门店外的位置或相邻的面积，打造自己品牌风格的露天营业区域。有增加营业面积、增加互动氛围、增加消费人气的功能室外广场、空置率极高的天台、购物中心里的点点面面"外摆区"，这些看似无用的"非经营空间"，通过打造情景体验式业态、休闲氛围、"沉浸式"互动，可以为街区带来活力。

1. 普遍问题

　　（1）城市道路范围内擅自占用或者挖掘城市道路。

　　（2）风格主题杂糅导致街区风貌杂乱。

　　（3）缺少绿化及遮阴设施，白天空置率高。

1　图片来源：长江文创园（霞飞织带有限公司厂房改造），上海 [EB/OL]. [2022-10-08]. https://www.tyarchitects.com/?post_type=products&page_id=14083).

2. 更新关键点

（1）风格主题

购物中心外摆区这一注重游逛、贴近消费者的区域，格外需要注重顾客的购物需求、消费心理特点、区域文化，打造城市空间与人文交流的窗口。如上海静安嘉里中心的安义夜巷，其火爆现状与其准确的主题定位息息相关（图2-117）。

（2）场景氛围营造

情景化的氛围设计能在第一时间吸引顾客眼球，利用美术陈列设计，增强购物中心与顾客的引导性和互动性（图2-118）。

图 2-117　建筑商业外摆更新模式图

图 2-118　北京望京小街

2.4.5 案例研究

1. 案例：锦江区玉成街改造更新

项目地点： 四川成都

规划规模： 1000m²

项目简介： 本项目基地"玉成街"位于太古里东南侧，长约150m，最窄处5.1m，最宽处7.4m。在本次改造前，玉成街与太古里之间由一段围墙隔开。多年以来，围墙一边是城市最繁华的商业街，另一边则是老旧的居住小区和零散的底层铺面。设计的初衷是打破围墙阻隔，改善街道基础条件，提供适度的有效空间，引入丰富的经营业态，以此延续并激发城市活力，为玉成街持续地自发更新和发展提供契机及可能。

案例总结：

（1）翻新、整改、临建。"翻新"主要针对原始居民楼的外立面，主要包括增加雨棚、梳理管线、外墙涂刷；"整改"主要针对原始街面，主要包括管网下地、增加配套、路面铺装；"临建"主要针对局部可建设区域，主要包括增设可运营和体验的临时空间。预制箱体不设基础、可拆卸移动，减少了对道路下部密集城市管网的破坏（图2-119、图2-120）。

图2-119　改造后的城市通道　　　　　　　　图2-120　街道主入口的管体景观

（2）可参与式口袋景观。根据城市建筑肌理、道路格局，确定放大的景观节点位置。景观节点的设计摒弃绿化和铺装为主的环境设计方式，更多设计小桌小凳一类可被使用和参与的道具场景。人的经营活动成为口袋景观视觉和行为体验上的延伸（图2-121、图2-122）。

（3）预留：律动的管体。4m宽的街面需要预留给消防车和小区车辆进出，无法布置任何构筑物。为解决街面空荡乏味的问题，采用直径为15cm的钢管，构成玉成街的入口门廊、景观墙面、临时座位。管体上部预留埋件悬挂灯具，可以根据不同的场景需要，悬挂不同的饰物或装置。

（4）自发的丰富性。制定方便实施的管理和装饰导则，以保证在发展过程中街铺的整体效果，且在店招、室内及档口为店家预留可自由装饰的余地，以形成多元、个性的空间。

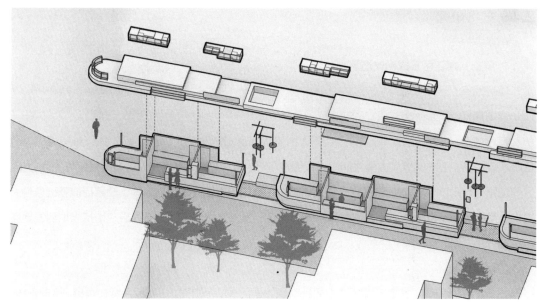

图 2-121　预制箱体组团分解图

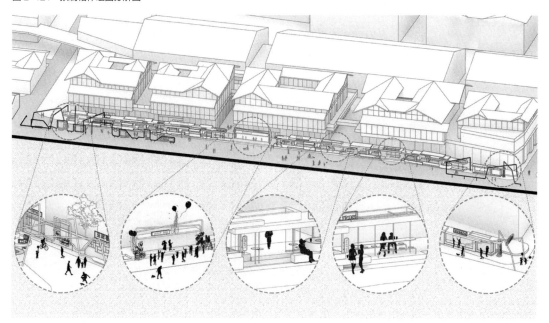

图 2-122　口袋景观节点放大图[1]

2. 案例：Square Maïmat 住宅区更新

项目地点： 法国图卢兹以南 26km 的 Muret 区

项目简介： Maïmat 广场位于法国图卢兹以南 26km 的 Muret 区，其设计以 20 世纪 60 年代盛行的"Grands Ensembles"（大规模社会住宅）模式为基础。Maïmat 广场的更新项目围

1　图片来源：成都太古里围墙外，150 米街道改造／凡筑设计 [EB/OL]. (2021-04-28) [2022-10-08]. https://www.archdaily.cn/cn/office/fan-zhu-she-ji.

绕着一片宽阔的林地展开，其中坐落着 8 个住宅体块。南侧的公共广场设有一个露天市场和一系列店铺。项目的第一阶段为南广场景观改造，于 2014 年交付；第二阶段为北广场景观改造，于 2018 年交付。

案例总结：

（1）释放公共空间，连接社区居民。项目使原先较为封闭的住宅体块变得开放和通透。施工过程遵循了"抽屉式操作"的原则，以便让居民可以留在场地。公共广场的下方建造了一个新的地下停车场，提供了部分必要的停车位。其他车位则分布在场地周边，使住宅楼群的中央得以解放出来，为行人和其他交通方式留出空间（图 2-123、图 2-124）。

（2）共享的景观公园。为了强调建筑的居住属性，同时考虑到它与地面层的关系，项目的开发商 Promologis 提出了一个兼顾空间与景观的解决方案，即建造种植小岛和公共庭院。在住宅所在的地块周围，种植小岛犹如一个共享的景观公园，为社区赋予了一种全新的环境（图 2-125）。

（3）环保天然的建筑立面材质。建筑的立面采用了混凝土和木质饰面，具有天然和易于维护的特点。外部工程所使用的材料大多回收自现场，例如用于围合种植小岛的金属栏杆、用于重建土壤地层的碎石混凝土，以及用于铺设小型庭院的混凝土板等（图 2-126）。

图 2-123　北广场新建筑

图 2-124　南广场公共空间

图 2-125　种植小岛

图 2-126　户外露台[1]

1　图片来源：Square Maïmat Nordppa•architectures + Emma Blanc — Muret, 2018[EB/OL]. [2022-10-08]. https://ppa-a.fr/projet/72/square-maimat-nord?o=p72.

2.5 城市家具更新

2.5.1 信息设施

标识系统，指的是以标识系统化设计为导向，综合解决信息传递、识别、辨别和形象传递等功能的整体解决方案。城市的标识系统属于城市的信息设施，是指在城市中能明确表示内容、位置、方向、原则等功能的，以文字、图形、符号的形式构成的视觉图像系统。

1. 分项概念

识别性标识，又称为"定位标识"，是标识系统中最基础的部分，最突出的特点是易于识别。

导向性标识，即通过标示方向来说明环境的导视部分。此类标识通常出现在城市环境公共空间，如道路、交通系统等。

空间性标识，即在视觉或其他感官上通过地图或道路图等工具，描述环境空间构成从而使人脑产生相应影像的标识。

信息性标识，多以叙述性文字的形式出现，为的是对图像信息进行必要补充，以及对容易产生歧义的部分进行准确解释。

管理性标识，是以提示法律法规和行政规划为目的的部分。

2. 普遍问题

（1）街区之间标识设施缺乏系统规划，连续性和完整性较差，多数城市核心街区导向标识牌没有形成规模，标识牌的规格较多。

（2）信息缺失或信息密度不当、信息内容错误、信息表现方式不规范。这不仅会降低环境信息的传达效率，而且会给标识的使用者造成困扰。

（3）缺乏及时的维护与保养。导致标识牌存在褪色、损毁、树木遮挡等问题。

3. 更新关键点

（1）标识系统信息传达准确完整

标识系统所传达的信息应准确、完整，并且设计要简洁、明快、清楚（图2-127）。

标识的位置应醒目，且不对行人交通及景观环境造成伤害，标识宜放置在街道转角处，或是在公共空间人流较为集中的区域（图2-128）。

车行交通指示标识应符合国家有关规定。

尽可能使用中英文双语或多种文字、尽可能使用国际通用的标准化符号与色彩体系、增加声音或触摸标识以满足盲人和弱视人群的需求。

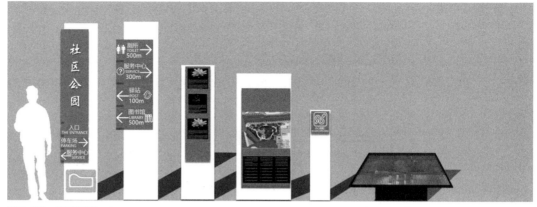

图 2-127 标识牌系统

图 2-128 标识牌多杆合一

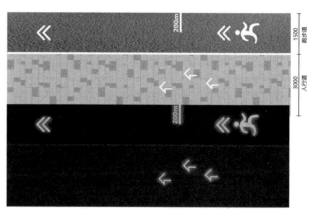

图 2-129 地面互动标识

鼓励按照国家导视牌规范，进行指示牌多杆合一，减少立杆数量，提高街道的整洁性。

鼓励采用地面标识系统，进行图标、数字、文字等标识，增强地面标识的引导性（图2-129）。

（2）标识用料耐久性强

标识的用料应经久耐用、不易破损、方便维修、节能环保。

4. 更新策略

（1）建议城市管理者设立专门的管理机构或者委托专业的设计公司来维护与更新城市道路导向标识系统。

（2）导向信息载体的结构设计要充分考虑更新的便利性，在制定相关标准时可以考虑作为强制性条款加入。

（3）标识造型设计应该以简洁美观为主，需要更加注重导向信息内容的规划与设计，回归导向设计的本质。

（4）重视信息导向地图的人性化设计研究，把访客的体验效果作为判断标识系统优良的重要标准。

（5）建立完善、便捷的报修机制，让访客一起参与到标识系统的维护工作中来。

2.5.2 照明设施

照明设施是指用于城市道路（包含里巷、住宅小区、桥梁、隧道、广场、公共停车场等）、不售票的公园和绿地等的路灯配电室、变压器、配电箱、灯杆、地上地下管线、灯具、工作井以及照明附属设备等。

1. 分项概念

从城市设计和景观艺术的角度来看，照明设施可分为道路照明和装饰照明两类。

道路照明主要是指反映道路特征的照明装置，为夜间行人、车辆交通提供照明之便。

装饰照明也称气氛照明，主要是通过一些色彩和动感上的变化，以及智能照明控制系统等，在有了基础照明的情况下，加以一些照明来装饰，令环境增添气氛，给人带来不同的视觉上的享受。

2. 普遍问题

（1）道路照明亮度与配比不当

不符合国家标准的照明亮度广泛存在于我国很多城市道路中，很多设计单位因过于追求照明亮度而导致设计的照明强度超标，这会影响夜间驾驶员的视觉，在浪费照明资源的同时影响道路行驶安全。

（2）道路照明缺乏规范性

由于各地道路照明设施要求不统一，存在不同的设计和安装方式，这种情况较为常见。

（3）控制模式不够合理

很多城市未充分考虑驾驶员的特性，夜间全程采用最大照度，运行模式未根据人车流量进行调节的情况较为常见，这不仅会造成电力源浪费，相关安全隐患也可能随之出现。

3. 更新关键点

（1）安全照明

道路照明应采用高光效气体放电灯，不应采用白炽灯。要提供良好的光源、光色及显色性，亮度与照度要符合道路照明标准规范。优先保障安全，车行道的亮度水平适宜；亮度均匀，路面不出现光斑。

（2）舒适照明

控制眩光，提供良好的视线诱导。禁止机动车通行的商业街道、居住区道路、人行地道、人行天桥以及有必要单独设灯的非机动车道，宜采用装饰性和功能性结合得好的灯具，或具有较高机械强度的装饰性灯具（图2-130）。

图 2-130　照明设施示意图

4. 更新策略

（1）强化设计，优选设备

道路照明设计需结合道路实际，充分考虑道路需求、道路环境、未来发展等因素，并重视建设成本，以实现照明质量与建设成本控制的兼顾。另外，照明设备的选择尽可能采用高效能的节能照明设备，以延长设备使用时间、降低能耗，进而提升设计的经济效益与环保效益。

（2）优化道路照明控制，引入智能化控制

采用定时、光电控制、人流自动感应等智能化控制，形成有针对性的照明模式，节约能源，避免光污染。

5. 其他

在空间设计中，除了提供光照、改善空间等需要照明外，还有一些特殊的地方需要照明。例如，紧急通道指示、安全指示、出入口指示等，这些也是设计中必须注意的方面。

2.5.3 交通设施

交通设施泛指交通运输中必要的工具，可分为安全设施和管理设施两大类。安全设施常见的有隔离栅栏、路障、候车亭、停车场等，管理设施常见的有监控、红绿灯等。合理地设置交通设施不仅能够维持良好的交通秩序，同时也能提高交通活动的安全性。

1. 普遍问题

（1）设施更新不及时

交通设施存在破旧，维护更新不及时等问题，时常导致部分地区的交通堵塞。

（2）设置位置不合理，随意性大

未根据街道人流量、车流量合理设置交通设施的类别与数量，不仅影响交通秩序，而且极大地浪费资源。

（3）后期管理维护不及时

红绿灯、道路监控等交通设施损坏未及时修复，给交通运行带来安全隐患。

2. 更新关键点

（1）根据交通流量、拥堵程度合理设置红绿灯的数量与间隔时间。

（2）停车场宜采取半地下、地下式建设，若须设置在街道地面，则尽量通过造型和环境景观设计进行美化，与周边街道景观相协调。

（3）公交车站、出租车停靠点设置要求有条件的街道建议采用港湾式停靠的公交车站、出租车停靠点，减少对道路交通的影响。若必须占用机动车道的站点，则应有明确的标线区分。

（4）候车亭设计风格应与其所在的风貌片区相协调，在形态、色彩和细节等方面要舒适宜人（图2-131）。

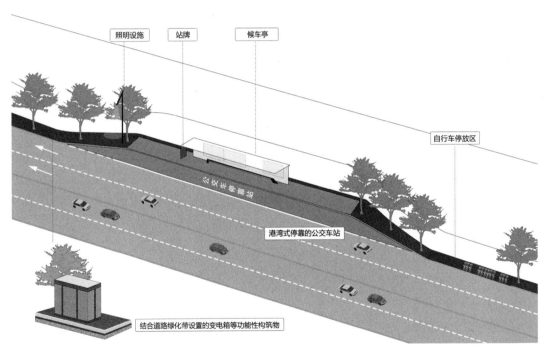

图2-131　港湾式停靠公交车站模式图

3. 更新策略

（1）合理设计、科学规范设置交通设施。

（2）完善交通设施建设，满足功能需求。

（3）加强交通设施的管理与维护保养。

4. 其他

目前我国城市道路交通设施发展还存在着许多问题，想要解决这些问题需要从多方面、多角度入手。确保交通设施设计的合理性，设置的实用性、安全性，同时还要做好相关的法律知识宣传工作，让人们对其有更深入的了解，发挥其应有的作用，为城市交通的有序运行保驾护航。

2.5.4 公共卫生设施

为维护城市环境的整治、卫生而设置的各种功能不同的装置，统称为公共卫生设施，我们常见的公共卫生间、饮水器、洗手器、垃圾箱及烟灰缸等都属于公共卫生设施（图2-132）。

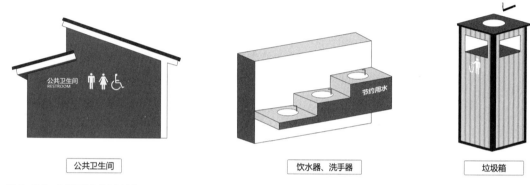

图2-132　公共卫生设施示意图

1. 分项概念

饮水器设置在公共场所内，通常作为供水中心供公众饮用，有固定水源并采用非循环管道，能够进行连续水处理且连续供水的饮水设备，包括饮水机、饮水台以及其他形式的设备。

2. 普遍问题

（1）设施老旧，功能分布混乱

有些街道、社区的卫生设施已经超过其预设的使用年限，存在公共设施不完善、不达标的情况。并且由于超期服役，公共设施存在功能缺失以及分布混乱的情况。

（2）缺少卫生防疫设施，威胁公共卫生安全

很多街道、社区的垃圾箱并没有细致分类，只有可回收和不可回收两种，无法发挥更好的垃圾分类水平，因此垃圾处理问题成为老旧社区公共设施的改进重点。

（3）卫生设施维护不到位

部分街区存在公共空间与设施的需求远大于现状的情况，但公共设施的管理与维护工作并没有引起足够重视，缺少合理的管理维护措施。

3. 更新关键点

（1）卫生设施合理布局

公共厕所的平面设计应合理布置卫生洁具及其使用空间，并应充分考虑无障碍通道和无障碍设施的配置。公共厕所墙面必须光滑，便于清洗；地面必须采用防渗、防滑材料铺设；公共厕所必须设置洗手盆；每个厕位应设置坚固、耐腐蚀挂物钩。公共厕所大便器应采用防臭、易清洁、节水的蹲便器。公厕的大小便器应安装防臭气回流设施。

（2）设备选择符合标准

垃圾箱的材质宜选用钢板焊接以及 PE 环保材料；饮用水设备应具有有效的涉水产品卫生许可批件；设备应外观整洁，水嘴无锈蚀和破损；应安装可实时显示累计产水量的仪表；饮用水设备设置应与垃圾箱（房）的直线距离在 10 m 以上。

4. 更新策略

（1）造型不突兀，加大空间利用率，在保证设施实用性的同时兼顾美观。

（2）引入人性化设计理念，操作便于使用者与清洁者。

（3）将可持续设计的理念与"互联网＋"运用到公共卫生设施，提升使用体验感。

5. 其他

公共卫生设施的设计内容日趋具体和多样化反映了现代都市的环境卫生文明程度的提高，其设计必须强调生态平衡的环保意识和以人为本的设计观念。

2.5.5 娱乐服务设施

服务娱乐设施主要是指为周边居民提供娱乐、休憩等功能的共享设施，一般包括健身运动场、儿童游乐场、休闲廊架等，是人们日常生活中不可缺少的一部分。

1. 普遍问题

（1）部分休憩设施破旧、缺失，影响居民使用

部分街道、社区的休憩设施已经超过其预设的使用年限，出现了老旧损坏的现象，并且由于超期服役，休憩设施存在着功能缺失以及分布混乱的情况。

（2）健身器材老旧破损，无法满足居民使用需求

部分街道、社区的健身器械存在安全隐患并且分布不均匀的情况。

（3）儿童游乐器械数量不足，无法满足儿童户外游乐需求

部分街道、社区对儿童游乐场地的设置并未重视，导致儿童游乐场地缺乏。

2. 更新关键点

（1）合理布置休憩设施

更新替换老旧休憩设施，增添设施数量，结合活动空间合理布置休憩廊架。

（2）更新优化老旧健身设施，提升居民运动活力

对存在安全隐患的健身器材应及时更换、修复。室外健身器材的安全使用寿命应不小于8年，超过安全使用寿命的器材应报废拆除；在安全使用寿命内，及时维修、更换。同时合理增添设施，扩展运动空间，提升居民活力。

（3）增添儿童游乐场地，丰富儿童活动

利用宅旁用地，设置幼儿游乐场地，一般面积在 150~450m^2，服务半径 50m，可选择玩具座椅、滑梯、跷跷板等器械，其下铺设沙子或做柔性铺装，周围设可供家长休息观看的长椅、藤架等（图2-133）。

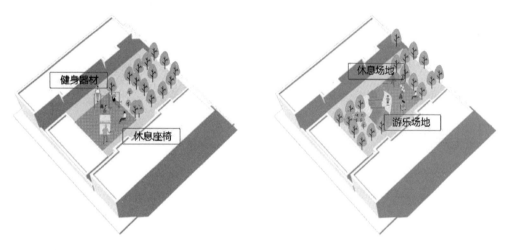

图2-133　娱乐服务设施更新模式图

3. 更新策略

（1）设施器械选择应兼顾实用和美观。

（2）满足服务半径要求，分散布置，便捷合理。

（3）兼顾全年龄人群使用需求，布置多样娱乐设施。

4. 其他

好的娱乐服务设施能够提升人们的生活幸福感，随着城市的快速发展，给娱乐服务设施提出了更多的要求，比如智能化、人性化、完善化等，设计需要与时俱进，不断创新，尽可能地优化完善娱乐服务设施，为社区公共空间提供更好的服务。

2.5.6 艺术景观设施

景观中的艺术作品同其他的艺术形式相比，更加注重公共的交流、互动，注重"社会精神"的体现，将艺术与自然、社会融为一体，将艺术拉进大众化视野之中，通过雕塑、壁画、装置以及公共设施等艺术形式来表现大众的需求和生活状态。所以，从某种意义上来说，室外景观小品就是我们所说的公共艺术品。景观小品与设施在景观环境中表现种类较多，具体包括雕塑、壁画、艺术装置、座椅、电话亭、指示牌、灯具、垃圾箱、健身、游戏设施、建筑门窗装饰灯。

1. 普遍问题

（1）样式雷同多，缺少创新

许多装置只是被搬运，而不是真正进行设计，缺少独特的艺术性。

（2）忽视景观设施与环境相结合的关系

在前期设计时没有做出全方位思考，缺少与场地密切结合的关系。

2. 更新关键点

景观小品的建设要从实际的角度出发，坚持以人为本的原则，一切的建设出发点都是为人服务。

3. 更新策略

（1）坚持正确的价值取向，弘扬主流文化

提高城市装置艺术的品质，主题要有正确的价值取向，为装置艺术注入"灵魂"，通过装置艺术渗透城市的历史文化，优化景观风貌，展示城市风采，并提高大众的美学素养和审美能力。

（2）设计方法的多样集合与高科技的运用

在装置艺术的设计中常采用大胆的造型、夸张的颜色、多样的材料以及高科技手段，充分调动人的视觉、听觉、嗅觉、触觉等，营造出有冲击力的视觉效果。采用高科技手段和新型材料的装置艺术创造出充满活力、想象力的空间，也为景观设计带来更多的可能性（图2-134）。

4. 其他

艺术景观设施和城市公共空间景观设计存在密不可分的关系，艺术景观设施不再仅仅作为独立艺术存在，而是作为景观元素融入设计中。城市公共空间利用装置艺术与景观设计的有效结合，能提升空间的活力与艺术品位。良好的场所精神和文化内涵可以积极调动人们的参与性，引发公众的更多情感共鸣，满足人们在精神、心理层面上的向往，丰富城市公共活动，达到提升城市活力的目的。

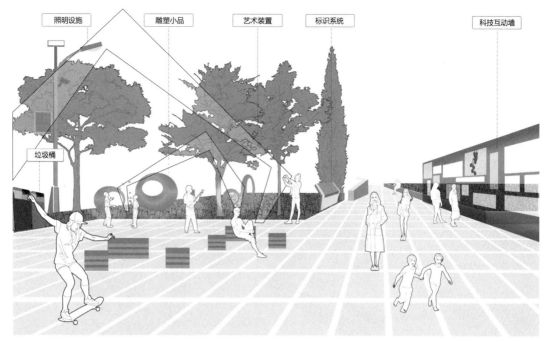

图 2-134　艺术景观设施更新模式图

2.5.7 无障碍设施

无障碍设施是指保障残疾人、老年人、孕妇、儿童等社会成员通行安全和使用便利，在建设工程中配套建设的服务设施，包括无障碍通道、盲文标识、直升电梯、斜坡、扶手、特殊席位、语音提示等。

1. 普遍问题

（1）无障碍设施的建设覆盖面不全，功能不完善，缺乏整体性和系统性

无障碍设施的建设缺乏规划指导，对具体的建设项目缺乏统筹安排，导致一些建成的无障碍设施难以发挥应有的作用。

（2）对城市无障碍设施的监督和管理力度不够，常有损坏、占用的问题

无障碍设施挤占、损坏的情况比较普遍，由于缺乏监管和惩罚机制，使无障碍设施无法正常使用。

2. 更新关键点

（1）坡道

轮椅坡道坡度为 5%，并采用防滑路面；人行道纵坡不宜大于 2.5%。

（2）道路

园路、人行道坡道宽一般为 1.2m，但考虑到轮椅通行，可设定为 1.5m 以上，有轮椅交错的地方，宽度应达到 1.8m。

（3）扶手

扶手应设置在坡道、台阶两侧，高度为 90cm 左右，室外踏步级数超过 3 级时必须设置扶手，以便老人和残障人士使用。供轮椅使用的坡道应设高度为 0.65m 和 0.85m 的两道扶手。

（4）缘石坡道、盲道、人行横道、无障碍标志等

设计应符合现行国家规范《无障碍设计规范》GB 50763 的规定（图 2-135）。

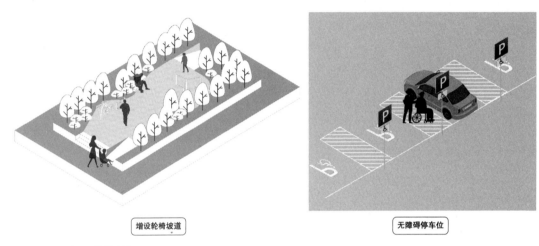

增设轮椅坡道　　　　　　　无障碍停车位

图 2-135　无障碍设施模式图

3. 更新策略

（1）坡道化、平面化设计

社区街道空间、绿地广场等开放空间，所有建筑与外部衔接空间尽可能使用坡道化设计，在合适的条件下，如街道可部分使用平面化手段，增加出行安全性，强调设计连续性，保证无障碍出行。

（2）设施专门化、低位化

配备专门的无障碍设施，例如休息座椅、扶手、无障碍卫生间、导航导盲服务设施、轮椅等器具充电设施、AED 紧急呼救、无障碍停车位等；根据需要，对一些设施进行低位处理，如低位饮水设施、低位快递柜等，充分考虑到无障碍人士需求，保障无障碍人士权益。

（3）强调导向标识

做好无障碍导向标识，可利用特殊地面铺装、色彩标识智慧互联等打造完整的导向标识系统，帮助无障碍人士安全出行。例如：无障碍路径导示、高差处无障碍重点照明、无障碍设施重点照明、夜光无障碍标识等。

4. 其他

无障碍设计既不是技术难题，也不是加大投资的问题，主要是认识问题。应当认识到，无障碍环境建设是为了方便残疾人和老年人、服务全社会的事业，是功及社会、利及百年的大事。因此无障碍设计要融入设计中，是必不可少的。

2.5.8 案例研究

1. 混凝土·几何——滴水湖地铁站广场更新

项目地点： 中国上海

规划规模： 150m^2

项目简介： 公园、广场、街道等公共空间，在城市中心区域常常会有自发性的市民活动形成。然而，在发展中的城郊区块中，由于缺少日常的人群聚集，这些空间往往失去了城市的活力。那么面对这样的处境，我们如何通过设计介入来引导激发活动的可能性？如何回应"城市空间艺术季"关于艺术与城市空间关系的话题？

滴水湖地铁站展区是 2021 年上海"城市空间艺术季"——临港新片区"未来社区"样本展的引导区，它位于地铁站出口、城市公交总站以及地下待开发商业空间出口的交汇处。场地是大片空旷的硬质铺地，市民活动空间成了匆匆而过的通过空间。设计通过城市艺术家具的置入，优化场地的活动属性。

案例总结：

（1）重组路径。提取了广场上的步行动线，将人们在地铁站、公交站和城市道路之间快速通过的路径退让出来，在这些路径之间置入了三组半围合的钢杆件系统。这些杆件形成了城市家具定位的边界，并围合出一个向心的聚合空间，缩小了原本巨大的广场尺度感受。钢构件的橙色进一步增加了广场的聚集感，吸引人们停留。

同时，钢构体系通过三种不同的高度（450mm，1200mm，2000mm）来激活人们与它之间的多种互动关系，例如坐、依靠、趴扶、悬吊等。高起的一组围合杆件在顶部采用了钢拉索与膜的组合，形成一个可伸缩的遮蔽空间，为原本空旷无遮阴的广场空间创造了更多停留的可能性（图 2-136）。

（2）单元模块。座椅单元模块是 17 个 660mm×660mm×660mm 的预制混凝土立方体，根据不同年龄的人体坐高尺度进行切削，形成了三个维度的半弧形座椅空间。这些单元通过翻转形成不同的休憩形式（图 2-137）。

（3）场景激发：趣味互动。设计通过对模块的翻转与拼贴，形成了高低宽窄变化丰富的组合休憩空间。同时，混凝土单元组合与金属杆件系统共同形成了更多元的趣味空间场景（图 2-138、图 2-139）。

这些组合关系产生了一系列非日常的互动方式，人们在其间可以发掘与激发充满趣味性的使用场景，满足并映射着都市生活中人、孩子和宠物之间的紧密关系。

图2-136 场地全貌[1]

图2-137 座椅与钢构件近景[1]

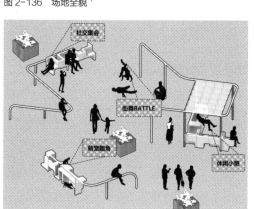

图2-138 多元场景变化[1]

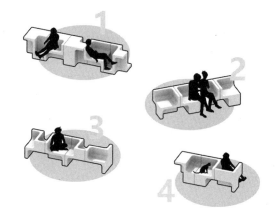

图2-139 单元模块组合形式[1]

2.TULIP——餐桌之上

项目地点：加拿大

规划规模：3260m²

项目简介：由于新冠疫情的影响，当地人们进行了长达数周的居家隔离。在此情况下，设计团队构想出该彩色装置，目的是以安全的方式吸引市民重回街头。项目旨在兼顾当下卫生条件，保证社交距离，同时为路人提供散步与休息的城市社交空间。

案例总结：

（1）通过增加社交元素重现公园的生态品质。装置的主体是一条长100m的"城市公共餐桌"。流线型的餐桌略高于地面，穿过整个公园的中心，巧妙地避开了现有的休闲设施与树木，与场地融为一体。茂密的树冠下，餐桌起伏有序，形成了一系列连续的且极具戏剧性的场景，为游客营造出丰富多彩的活动氛围（图2-140）。

（2）强烈、友好、安全的出游体验。该项目旨在保证当下社交距离，重启蒙特利尔市中心的

---

1 图片来源：灰空间建筑设计事务所. 混凝土·几何：滴水湖地铁站城市家具 [EB/OL]. [2022-06-07]. http://www.igrey.cn/.

图 2-140　长 100m 的黄色餐桌[1]　　　　　　　图 2-141　避开了现有的设施与树木[1]

公共空间。餐桌始于公园入口带有箭头标志的大型结构装置。随即，流线型的餐桌装置全景便映入人们眼帘。同时，餐桌的起伏有序，营造出更加丰富多彩的活动氛围（图 2-141）。

2.6 本章小结

当前我国社区多为较封闭的内向空间组织模式，形成普遍的独立私密式结构，同时带来逐渐碎片化的公共空间和割裂的社区环境，无序的交通网络、高容积率，尚待完善的建筑环境设施等无法满足居民日常交往休憩、情感沟通的需求，在"开放社区""微更新"等理念的影响下，以公共参与为基础对社区公共空间进行局部更新提升，成为构建居民稳定生活秩序、重塑邻里关系的有效途径。

本章将社区公共空间划分为道路空间、小微公共空间、建筑公共空间、设施家具空间四个部分，通过分析各类公共空间普遍存在的现状问题，提出更新关键点。

在当前的社区公共空间环境中，大多存在以下问题：道路空间缺乏连续完整的体系规划，呈现出单调的交通路线和导视系统；小微空间特征性模糊，各类景观要素间联结性缺乏、功能性、艺

1　图片来源：ADHOC ARCHITECTES. PRENEZ PLACE! [EB/OL]. [2022-06-07]. https://adhoc-architectes.com/.

术性不足，空间体验性及可持续性不强；建筑形式、色彩尚待协调，街区风貌需统一控制；设施家具缺乏系统规划，密度不当，规范性不强，存在资源浪费情况。

为使社区公共空间资源更为连通共享，应激发社区活力，构建完善的社区生活圈。当前社区公共空间更新需考虑实际空间形式和服务人群类型，以渐进式微更新的行动策略改善传统封闭结构，充分调动设施资源。

在道路空间规划中，微更新强调系统连续的交通体系，破除空间组织孤立性，协调人车矛盾，创设尺度宜人的街道慢行网络并连接公共活动节点，营造开放共享的街道模式；小微空间以相对集中的小型广场和公共绿地为基础，包括文化型、商业型、儿童游戏型、疗愈型、康体健身型、休憩型，需使其兼备实用功能与文化内涵，同时，小微空间更新与街道空间连通，形成包容多元的活动节点，提供休憩、娱乐、运动空间，满足社交行为和情感交流需求；建筑公共空间在展示立面形象的同时，强调内外空间的互通，外部环境的体验，通过把控材质、色彩增强地域可识别性和城市印象；设施家具配合社区公共服务功能，通过人性化设计关照社区公共生活，需在公共空间质量上进行细致规划管理。社区公共空间及配套设施等的更新以安全、耐久、舒适、连贯、可识别、可持续等为总体要求，力求打破街道及社区内部单一的景观格局，融入城市环境，并编织各组团居民内部的情感纽带。

在城市社区更新发展的实践中，策划、设计到维护管理是一个持续渐进的过程，城市公共空间微更新与社区营造相互促进，形成以自下而上的渐进式微更新模式，有助于协调社区居民的共同利益，并在公众参与的方式中体现更强的以人为本的诉求，最终形成更加合理可行的社区公共空间更新策略和建设流程。社区公共空间的开放化共建、共享、共治更新方式，使住区空间更为有效地服务于居民，并通过梳理街道交通体系，优化公共空间景观形态和功能承载，整合并充分利用公共资源，调动居民公共参与的积极性，培养其归属感，实现社区空间的活力激发。

新时代我国的城市发展，包括北京、上海、深圳等地在内，面临进一步减量提质与高质量发展，对城市空间环境品质的提升等提出了新的要求。城市规划和管理工作要进一步"精细化"和"重心下移"，城市更新实施工作不断深化，社区作为城市中重要的组成部分，需要我们针对社区共治的方式、方法进行深入探讨，加强研究引领、多方参与，积极巩固完善社区更新的规划实施和管理机制，出台相关政策。本章整理国内外与社区治理相关的概念与管理模式，比对管理背景与优缺点，为社区共治提供参考。

3.1 相关概念与理论

3.1.1 社区治理

治理（governace）是政府的治理工具，是指政府的行为方式，以及通过某些途径用以调节政府行为的机制。在公共管理领域，治理的概念是 20 世纪 90 年代在全球范围逐步兴起的。在治理的各种定义中，全球治理委员会的表述具有很大的代表性和权威性。1995 年，该委员会提出：治理是或公或私的个人和机构经营管理相同事务的诸多方式的总和。它是使相互冲突或不同的利益得以调和并且采取联合行动的持续的过程。它包括有权迫使人们服从的正式机构和规章制度，以及种种非正式安排。而凡此种种均由人民和机构或者同意，或者认为符合他们的利益而授予其权力。委员会认为，治理具有以下四个特征：治理不是一套规则条例，也不是一种活动，而是一个过程；治理的建立不以支配为基础，而以调和为基础；治理同时涉及公、私部门；治理并不意味着一种正式制度，而确实有赖于持续的相互作用。

社区治理是指政府、社区组织、居民及辖区单位、营利组织、非营利组织等基于市场原则、公共利益和社区认同，协调合作，有效供给社区公共物品，满足社区需求，优化社区秩序的过程与机制。通过相关利益者在"同一张谈判桌"上沟通协商，解决各个社区之间和社区内部的问题，共同参与制定社区公共决策和管理社区公共事务，实现社区层面的私人部门、公共部门、社会团体、社区组织和社区居民的相互协作和信任，从而最大限度地保障社区公共利益，实现社区和谐目标。

3.1.2 有机更新

有机更新是由吴良镛院士提出的城市规划理论，他认为城市是一个协调统一的有机体，从城市到建筑，从整体到局部，如同生物体一样是有机联系、和谐共处的。而在城市建设和更新过程中，应该按照城市内在的秩序和规律，顺应城市的肌理，采用适当的规模、合适的尺度，依据改造的内容和要求，妥善处理关系，在可持续发展的基础上探求城市的更新发展，不断提高城市规划的质量，使得城市改造区的环境与城市整体环境相一致。该理论对于指导社区更新与治理有重要的作用。

3.1.3 新公共管理

新公共管理，是由瑞士日内瓦大学教授简·莱恩（Jane-Erik Lane）于 2000 年提出。19世纪 80 年代中后期，西方发达国家传统垄断且缺乏效率的公共行政模式出现了严重的弊端，他通过深入考察发达国家新公共管理改革运动的实践，总结提出了"管理的自由化和市场化"的公共管理理论。这个理论在全世界公共管理学界产生了广泛的影响，目前已成为主流的公共行政与管理模式。

该理论的具体表现为：要有明确的目标和相应的职责划分；在公共服务中心引入市场竞争机制，降低成本，提高资源利用和开发收益；采取有效的分权，如不同层级政府管理机构的权力调整，或政府管理机构与市场之间的职能调整；充分吸收和运用私营部门的管理方法，积极推进相应公共服务机构的私营化，服务好"顾客"。

能够看出，灵活的管理政策与市场化的引入，可以作为盘活区域的管理手段，这些方式，可以用于我国正在进行的社区治理过程中，与当前的社会背景进行结合、变革、尝试与探索。

3.2 社区治理的组织机构

3.2.1 政府机构

政府机构在社区的治理中起到了提纲挈领的作用，属于社区治理的领头人。其认真贯彻执行党的路线、方针、政策，统筹把握辖区发展规划，通过学习国家会议文件，向社区传达最新的政策，并提供必要的资金支持。

其中与居民直接对接的政府机构，我们称之为"街道办事处"，简称"街道办""街办"。它是我国的市辖区和不设区的市人民政府的派出机关。街道办事处是基本城市化的行政区划，下辖若干社区居委会。街道办的职责有很多，其中与社区相关的包括：①根据市委、市政府对全市发展的总体要求，研究拟定街道办事处经济建设和社会发展中的重大问题，制定切实可行的发展规划，并努力组织实施。②大力加强社区建设，开展社区服务，逐步建立和完善社区服务体系，切实提高为企业和居民群众的服务质量，组织开展好社区教育、群众文化、社区卫生、科普和社区体育等活动。③指导居委会工作，促进居委会的组织建设和制度建设，充分发挥居委会在宣传法律、维护居民的合法权益、教育居民依法履行应尽义务的作用。

3.2.2 社区居委会

社区居委会是居民自我管理、自我教育、自我服务的基层群众性自治组织，其在社区的日常管理维护和社区更新改造上起到绝对民主的重要作用，其作为日常生活中与居民生活最紧密、距离最近的行政管理主体，承担着许多与居民直接相关的管理职能，在日常生活中，居民有点不满意的事情，可直接与社区居委会沟通，办事人员面临的都是与居民利益直接相关的大大小小各种生活琐事。

街道办对社区居委会的工作有指导作用，而社区居委会则向街道办反馈居民的各种诉求以及实际情况中面临的问题，从下至上和从上至下的反馈机制，使得社区治理工作得以顺利进行。

3.2.3 物业管理公司

物业管理公司是按照法定程序成立并具有相应资质条件，经营物业管理业务的企业型经济实体，是独立的企业法人。它属于服务性企业，与业主或使用人之间是平等的主体关系，它接受业主的委托，依照有关法律法规的规定或合同的约定，对特定区域内的物业实行专业化管理并获得相应报酬。具体服务内容包括：①房屋建筑主体的管理及住宅装修的日常监督；②房屋设备、设施的管理；③环境卫生的管理；④绿化管理；⑤配合公安和消防部门做好住宅区内公共秩序维护和安全防范工作；⑥车辆道路管理；⑦公众代办性质的服务等。

物业管理公司是经济发展的产物。1994 年，建设部发布《城市新建住宅小区管理办法》（建设部令第 33 号），提出住宅小区应当逐步推行社会化、专业化的管理模式。由物业管理公司统一实施专业化管理。新的房地产开发企业在出售住宅小区房屋前，应当选聘物业管理公司承担住宅小区的管理，并与其签订物业管理合同。住宅小区在物业管理公司负责管理前，由房地产开发企业负责管理。有物业公司的加持，可以分担政府在社区管理过程中的工作，社区的维护也能够得到良好的保障。

在《城市新建住宅小区管理办法》颁布之前，许多城市的部分老旧小区配套的物业管理公司支撑力度不足，仍需政府承担管理和维护，但政府资金不能够全面保障，加之楼房设施老龄化严重，成为目前老旧社区的衰败、不易管理等问题的原因。

3.2.4 物业管理委员会与业主委员会

物业管理委员会由街道办事处（乡镇人民政府）、社区居（村）委会、社区服务机构、建设单位、业主代表等组成，代行业主大会和业主委员会职责的机构。他们的作用是代表业主，组织业主广泛开展并参与爱国卫生运动，搞好社区内的环境卫生工作，用自己双手净化、绿化、美化小区；向业主传播做文明市民、建绿色社区活动，积极创建绿色社区、绿色家庭活动；同时认真宣传国家卫生工作的法律、法规和政策，向人民政府及时反映居住区的卫生情况，协助政府和卫生监督部门搞好公共卫生工作；加强对物业管理企业的监督工作；积极协调物业管理企业、物业管理委员会与社区居民的关系，及时向有关部门反映情况。

业主委员会是由业主选举产生，是业主行使共同管理权的一种组织形式。业主委员会履行下列职责：①召集业主大会会议，报告物业管理的实施情况；②根据业主的意见、建议和要求，拟订选聘物业服务企业或者其他管理人的方案、选聘实施人以及解聘物业服务企业或者其他管理人的议案，提交业主大会会议决定；③代表业主与业主大会选聘的物业服务企业签订物业服务合同；④根据业主的意见、建议和要求，拟订建筑区划内公共秩序和环境卫生的维护等方面的规章制度的方案，拟订建筑物及其附属设施维修资金使用、续筹方案，拟订本建筑区划的划分、调整方案，提交业主大会会议决定；监督物业服务企业或者其他管理人履行物业服务合同；⑤督促业主缴纳物业费；积极配合公安机关、街道办事处、乡（镇）人民政府、社区居委会做好计划生育、流动人口、犬只管理等相关工作。

《城市新建住宅小区管理办法》中提出，住宅小区应当有物业管理委员会和业主委员会，但是由于长期以来业主参与意识不强、成立程序复杂、人选缺乏把关、自组织能力弱等导致业主委员会成立数量少，所以为了确保物业管理活动的正常开展和业主权利的充分有效行使，部分社区的物业管理委员会在功能上弥补了业主组织的缺位，该组织兼具物业管理委员会和业主委员会的责任。

3.2.5 责任规划师

责任规划师制度是从快速城市化进程进入到存量更新时代、城市空间工程细微化和社区治理下沉的产物。20 世纪 60 年代以来，西方发达国家随着民权与社区建设运动的兴起，涌现了专门聚焦社区规划的"社区规划师"（community planner）。在我国台湾等地，在 20 世纪 90 年代也出现了类似的角色，被称为"社区营建师""社区建筑师"。2012 年起，国内的一些大城市，如深圳、广州、成都、上海、北京等，政府陆续出台责任规划师制度，聘用责任规划师，收集并协调公众意见、协助社区制定"地区发展计划"、开展专业咨询与技术服务等工作。

以北京市为例，2019 年 5 月，《北京市责任规划师制度实施办法（试行）》发布，从制度上明确责任规划师的定位和工作目标、主要职责、权利和义务、保障机制等内容。推行"1+4+N"责任规划师工作支撑保障体系："1"指的是"综合协调组、跨界专家组、研究组、宣传组"四位一体的市级责任规划师工作专班；"4"指的是开展跟踪调查、制度完善、能力培育、智慧协同四项支撑保障工作；"N"指的是孵化落地的实施项目，内容涵盖微空间品质提升、老旧小组综合整治、拆违空间再利用、控规实施、名城保护等多个领域。目前，北京全市已有15个城区及亦庄经济技术开发区完成了责任规划师聘任，共签约了301个责任规划师团队，覆盖了318个街道、乡镇和片区，覆盖率达到95%以上。

责任规划师制度是应对社区中人的需求多样化和每个社区的不同特质，反映多样化需求，帮助地方政府实现这种需求的重要手段。同时，由于多个社区连接成为城市片区，责任规划师制度也就成为整体促进存量更新时代社会发展和治理的良好工具和手段。

3.2.6 志愿者团体

社区的治理也离不开志愿者团体的辛勤劳动，社区中往往都会有一群奉献自己、服务他人的志愿者群体，包括社区党员志愿者团体、青年志愿者团体、爱心社区团体等。志愿者团体的建立主要有两种途径，包括由居委会进行组织和招募的热心居民志愿者和自发形成特定组织的居民志愿者，他们的任务一般包括：①社区环境卫生清扫活动；②关爱照顾社区老人、残疾人群；③社区文化教育宣传活动；④组织居民日常活动，如民俗乐器、读书看报等活动。

3.3 资金来源

3.3.1 政府扶持

在目前的城市更新大背景下，我国人力资源社会保障部、农业农村部、民政部、自然资源部等有关部门也不断完善政策举措，加大支持力度，陆续出台了社区治理等多方面专项政策，也有部分城市建立"社区微基金"进行财政扶持。社区治理中大部分资金是由政府拨款，居委会向上级街道办进行社区专项整治基金申请，街道办向上一直到市委、市政府，层层申报。政府的扶持可以解决社区基础设施的建设，提升社区硬件能力。

3.3.2 社会资本

社区更新项目比较复杂，其需要市场化的力量来共同推进社区治理。近年北京出台的政策明确了"充分发挥市场作用，鼓励和引导市场主体参与城市更新，形成多元化更新模式"。同时老旧小区因为权属问题，导致一般没有形成统一的物业管理。经引进部分社会资产能够形成统一的社区治理机制，近期较多提到的是老年会客厅、便民食堂等社区服务业态，对于引进的社会资本来说，目前比较提倡的是采取"选、扶、考、奖"的模式，一方面给予补贴，另一方面通过竞赛和目标设定进行筛选和考核，对于未达目标要求的商业，提醒进行整改或适时劝退，由此提高创业孵化成功率和市场运营力。增加的社会资本一方面能够更好地管理社区公共问题，另一方面能够弥补社区内部功能的缺失，满足居民日益丰富的活动需求，增加社区活力。

物业的引入也是老旧小区所亟需的，目前老旧社区基本没有配备物业公司，社区内部管理基本由居委会组织和实施，要加强社区治理，最为便利的就是引入物业，让其进行统一管理，对社区配套设施进行日常维护管理，对社区与居民有关的一切便民设施进行管理，更加省时省心地推进社区更新治理。

除了政府扶持以外，慢慢引入社区资本、商业服务与物业接管，社区形成政府输血、资本造血的良性循环，才能够让社区治理连贯并且可持续。

3.4 社区治理模式

纵观国内外公众参与社区治理经验，依据公众参与的主要驱动力及各主体介入程度的差异，国内学者倾向于将社区治理模式分为政府主导型、居民自治型及混合型三种模式。

3.4.1 政府主导型

政府主导型是以国家的行政权力作为主要驱动力，对社区具有较直接且较强的控制力。通常在社区治理和项目推进过程中，将城市总体规划及当地政府具体实施政策为指导，以美化街区环境与完善城市绿地系统为目标，在保证街区环境的整洁、安全及便于后续统一管理前提下，由街区管理者联合专业设计单位，将街区公共空间进行自上而下普适化的整合与绿化，形成以政府为主导的统一规划型绿色空间，后期由街道办聘请专业人员进行有计划、科学性地统一管理与维护（图3-1）。

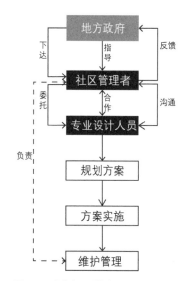

图 3-1 政府主导型模式图

这种以政府为主导模式进行社区治理的主要特点包括：①国家与社区间设立多层级的管理机构，建立从政府到基层进驻社区的沟通渠道；②比起健全的结构组织体系，这种行政主导的"自上而下"治理模式，相对缺乏完善的公众参与机制，公民属于被动接受当局管理的状态，自主参与意识相对较弱。

1.英国社区治理

英国的社区治理可以追溯到 20 世纪 30 年代甚至更早的时期。早期的英国社区治理面临的主要问题是政府与社区的权力界限模糊与政府角色定位不清。自 20 世纪 60 年代开始,英国社区治理进入改革与快速发展时期,改革的焦点为重塑政府的角色与职能。在不同的执政党执政时期,英国的社区治理经历了 20 世纪 60 年代至 70 年代工党的社会更新,80 年代至 90 年代保守党的福利多元化,90 年代末至 2010 年工党的"第三条道路"与参与制度的兴起,到 2010 年以后联合政府的"大社会"理念与社区能力建设这几个阶段。这些阶段中,英国社区治理具有高度的政策连贯性,突出表现为英国社区治理坚持以政府为主导、对社区赋能以及以公众参与为基础的治理责任的下放,如表 3-1 所示。

英国社区治理发展表　　　　　　　　　　　　　　　　表 3-1

年代	背景	治理主体	治理措施	治理目标
20 世纪 60 年代至 70 年代	战后社会经济衰落	政府	社区发展项目;城市工程	振兴地方经济;应对视野、内城衰落的社会问题
20 世纪 80 年代至 90 年代	公共政策的新自由主义转型;社会治理的企业家转型	政府、社会组织、居民、企业	—	国家福利多元主义改革与公共服务改革
20 世纪 90 年代末至 2010 年	"第三条道路",参与制度的兴起	政府、社会组织、居民、企业	社区复兴运动、社区新政计划	社区参与能力塑造;社区参与领域拓展
2010 年以后	"大社会"理念	政府、社会组织、居民、企业	地方法案	社区能力建设

从治理内容来看,英国始终以城市更新为背景,主要内容包括旧城更新、社区贫困、提升社区活力、社区服务水平、社区健康及安全。

从治理机制来看,英国政府提出形成"多维深层次伙伴关系",即中央政府及地方政府、政府与公共及私人部门(NGO)、政府与营利及非营利机构(NPO)相互合作的横向参与模式,社区治理更加注重治理对象之间的横向联系。英国政府对于社区治理实施去中心化和市场化手段,英国政府作为实施主体,以社区利益为导向领导和统筹社区,协调复杂的网络关系及联合利益相关者。

在社区治理中,政府负责制定计划书用来评估居民的服务需求,通过低息贷款或税收减免方式鼓励社会机构参与社区服务,通过招标与民间社会组织签订契约购买专业化服务。同时政府会评估与监管购买式社区服务,规划且准确把控制度的走向,发展社区自治能力,发挥第三部门在公共服务与公众参与的推进作用(图 3-2)。

案例:苏格兰爱丁堡的社区花园

苏格兰爱丁堡的社区花园推动了社区行动及当地的可持续食品实践。目前,已成为改善社区健康的有效方式,为可持续的健康粮食系统提供了新途径,并为参与者创造了社区认同感与地方感。当地政府为了促进社区花园的增长,2008 年成立了气候挑战基金(The Climate Challenge Fund)为社

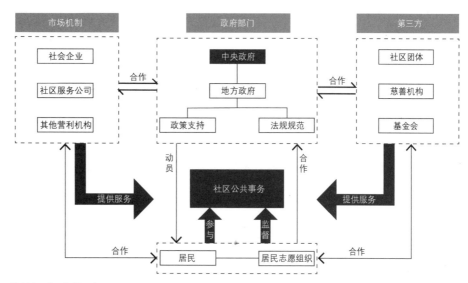

图 3-2 英国社区治理机制图[1]

区主导的项目提供应对气候变化的补助资金，并鼓励相关非营利组织的发展以支持居民参与社区建设。

位于爱丁堡东南部的洛肯德住宅区的"秘密社区花园"，是 2011 年建立的非营利组织支持的社区粮食种植项目，旨在为当地居民自发种植健康事务提供社区培训、建议咨询等支持，以促进社区解决健康及环境相关的各种问题。

从苏格兰爱丁堡社区花园的经验来看，在促进全民健康的背景下，以共同种植生产健康粮食的方式作为建设社区花园的主要目标和动力，逐渐唤醒了苏格兰民众对"城市权利"和"空间权利"的主权意识，也使公共隙地和废弃地重新焕发活力，是一种有效的城市土地改革方式。此外，基于社区健康目标的社区花园，政府为主体引导，与社区发展的价值理念相互契合的非营利组织作为支持，促进居民可持续参与，政府响应民意的同时也推动了城市改革（图 3-3、图 3-4）。

图 3-3　秘密社区花园[2]

图 3-4　社区居民参与粮食种植[2]

1　图片来源：改绘自边防，吕斌 . 基于比较视角的美国、英国及日本城市社区治理模式研究 [J]. 国际城市规划，2018，33（04）:93-102.
2　图片来源：苏格兰爱丁堡秘密社区花园 .Granton Community Gardeners. [EB/OL]，[2022-10-09]. https://www.grantoncommunitygardeners.org/.

2. 新加坡社区治理

新加坡自 20 世纪 60 年代实行自治以来，主要通过健全严格的法律系统保障社区治理的实施。20 世纪 60 年代初至 80 年代末，新加坡政府开始颁布并完善住房法律体系，成立建屋发展局（Housing Development Board，HDB）及人民协会（People's Association）等组织，共同主导社区治理，大规模新建组屋，在建造过程中也开始关注社会交往及居民对社区的认同感；20 世纪 90 年代至 2000 年，政府发起了"参与式设计模式"计划，鼓励居民互动交流，强化居民归属感；2000 年后，政府重点转向建屋发展局的职权下放，与各利益相关者建立伙伴关系（表 3-2）。

新加坡社区治理发展表 表 3-2

年代	背景	治理主体	治理措施	治理目标
20 世纪 60 年代至 80 年代末	新加坡独立	政府	居者有其屋	清除贫民窟；解决住房短缺危机
20 世纪 90 年代至 2000 年	经济持续发展	政府	房产翻新计划、"参与式设计模式"	提升国际竞争力
2000 年以后	经济增速放缓，社会－经济极化加剧，人本主义等理念开始得到关注	政府、企业、社会组织、居民	身份认同感计划、下放政府职权	提升社区空间品质；建立社区纽带、维系社会邻里关系

新加坡在"花园城市"的规划目标下，社区治理内容主要有建设初期的贫民窟清除、老旧社区的更新及大规模重建房屋，后期的社区环境提升、社区活力提升等。

治理机制方面，新加坡政府在社区建设中发挥主导作用，设立人民协会（People's Association）、市镇理事会（Town Council）等机构，强调多方共治，政府、企业、社会组织和公众形成分工细致且高效的社区治理体制。新加坡的社区治理有完善的管理机构和健全的政策法规，并具有机构设置多元化、职能配置科学化、权责划分明确化三大特点。如人民协会主要职责是促进社会和谐，并通过议员和下辖的社区基层组织（公民咨询委员会、居民委员会、民众俱乐部）与社区联系。社区发展理事会附属于人民协会，负责执行政府主导的社区福利计划。市镇理事会隶属于国家发展部，主要职责为控制、管理、维修与改善组屋区的居住环境。

与此同时，新加坡政府通过有效的激励奖励政策，鼓励企业、科研机构、社会组织、志愿者共同参与社区治理，在人力与资金两个方面支持社区建设与更新治理。在人力方面，半官方性质的指导机构和社区组织自主活动，作为沟通社区与政府的桥梁，管理社区建设；通过人民协会汇集对社区治理有共同爱好的不同群体组成基层组织。在资金方面，社区活动经费主要由政府承担，但如今新加坡正在积极推广承包商制度，制定经费搭配计划，鼓励组织机构和个人募捐（图 3-5）。

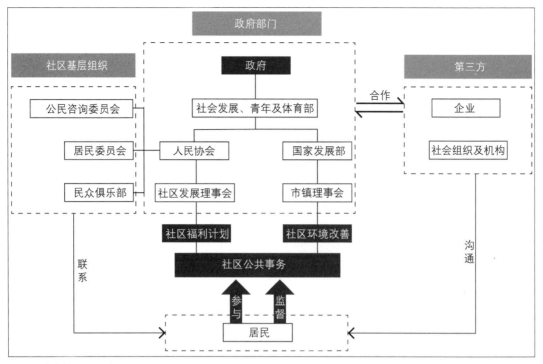

图 3-5 新加坡社区治理机制图

案例：海军部村庄养老综合体

海军部村庄养老综合体是 2017 年新加坡首个建成的综合公共开发项目，由新加坡建屋发展局（HDB）领衔，多个政府部门和机构共同参与打造，将所有公共设施和服务空间融合为一体。在这个项目中，多个机构密切协调，引入可以提出和实施跨项目计划的设施经营者，利用现有设施经营者的协同作用，尽量减少混乱和浪费的重叠。项目成立了督导委员会，以合作机构的高级管理人员为代表，监督新开发项目的规划和建设。

海军部村庄采用"一体化村庄"的设计模式，类似于城市综合体，是一种将众多不同的设施置于同一屋檐下的建筑设计模式，使得居民在家门口就能享受丰富便利的设施，从而形成积极互动、充满活力的邻里关系。地面层的广场和商店将带来充满活力的社区生活，顶层的社区花园和小型公寓则营造宁静的居住环境，中间则隔着小贩中心和医疗中心，为居民提供更便捷的社区和医疗服务（图 3-6、图 3-7）。

村庄不仅是老年社区，因为这里还有许多服务其他人群的设施，例如幼儿园、商业零售、小贩中心等，目的是让各阶层、各年龄人群真正融合，而不是区隔。以融合代替区隔，也反映了多民族、多文化的新加坡所倡导的包容文化。

此项目先后获得了 2015 年组屋创新设计奖、2015 年景观优秀评估框架（LEAF）杰出项目、2016 年世界建筑节商业综合体（未来项目）类别的获奖、2017 年 NParks Skyrise 绿化奖以及 2018 年世界建筑节（WAF）的最佳建筑奖等。

图 3-6 海军部村庄养老综合体顶视图 [1]

图 3-7 海军部村庄养老综合体公共空间 [1]

3.4.2 居民自治型

居民自治型社区治理以基层民主的自治理能力及社会资本为基础，在社会政治体制相对成熟的国家应用较多。一般公民自主参与意识高，具体的社区公共事务由居民实行自主管理，政府仅从政策、法制及资金上提供监管指导（图3-8）。

其主要特点包括：①具有健全的社区自治理组织机构，自治理体系中的各机构职责明晰，统筹协作，在各层次的分工协作下，使得诸如动员组织居民参与、管理分配资源流动及制定社区发展计划等工作有条不紊地进行；②政府提供辅助与补充作用，不直接干预社区公共事务的管理，而是与社区建立互相合作又彼此分离的关系；③第三方力量主导实施，如社区发展公司

1　图片来源：海军部村庄养老综合体．WOHA．[EB/OL]．[2022-10-09]. https://woha.net/zh/project/kampung-admiralty/.

（Community Development Corporation,
CDC）、其他 NGO 等力量的崛起在引导基
层民主中发挥重要作用。

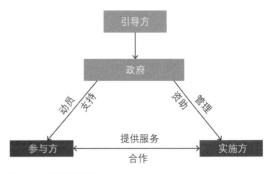

图 3-8 居民自治型模式图

1. 美国社区治理

美国社区治理始于 19 世纪末，美国效仿
英国建立了第一座社区发展中心，主要帮助新
移民尽快融入美国社会。自 20 世纪始，美国
社区治理经历了从 1940—1970 年的起步期，政府推行社区行动计划，动员全国人力和财力资源
解决社会贫困问题；到 1970—1990 年的发展期，社区发展公司（CDC）参与社区治理，其较好
地整合了居民、地方和社区多方力量来推动社区生活质量的提高；再到 1990 年以来的成熟期，美
国经济逐渐复苏，新社区项目得到了大量实践。在第三方力量的大量参与及政策推动下，美国逐渐
构建了以普通市民和社会组织广泛参与为目标的参与式治理机制，体现了美国社区治理的高度自治
性（表 3-3）。

美国社区治理发展表　　　　　　　　　　　　　　表 3-3

年代	背景	治理主体	治理措施	治理目标
1940—1970 年	第二次世界大战后，内城衰落，社区环境不断恶化	政府	社区行动计划、示范城市项目	解决社区贫困； 促进市民参与； 提高社区生活质量
1970—1990 年	向后现代社会转型的新发展阶段	政府、企业、社会组织（以社区发展公司（CDC）为主）、居民	社区发展公司（CDC）崛起	提高社区经济、解决就业问题； 消除种族隔离； 提高社区服务水平； 促进居民参与社区治理
1990 年至今	经济逐渐复苏	政府、企业、社会组织（以社区发展公司（CDC）为主）、居民	授权区计划、事业社区计划、新社区项目	促进居民参与社区治理； 提高社区服务水平； 关注社区公平、安全、环境等问题； 解决社区贫困

美国治理内容主要包括社区环境治理，社会福利及经济发展，社区就业及教育、公众参与和
公共安全。近年来，随着美国社区发展进入更广泛的维度，开始更加关注社区贫困、种族歧视和社
会公平议题以外的议题，例如环境保护和能源保护等问题。

从治理机制来看，美国社区治理的参与主体包括地方政府、非营利组织、社区组织及社区居
民等，各主体之间权责清晰，分工明确，形成"第三方力量主体实施，社区组织参与自治，政府提
供辅助与补充"的模式。政府一般不直接参与社区公共事务的管理，主要通过规范法规制度、资金
预算等方式规范监督不同主体的行为责任，保障社区民主参与，并颁布公众参与社区治理的相关制
度及审批用作社区建设的土地等措施，为社区居民、社会组织及企业等自主管理社区提供基本保障。

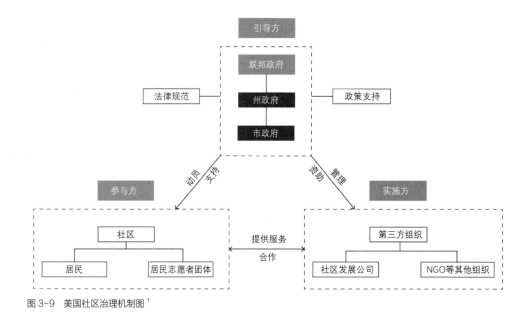

图 3-9 美国社区治理机制图[1]

第三方组织包括社区发展公司（CDC）和 NGO 等其他组织，他们与社区建立合作关系，为社区组织提供服务，引导其逐渐成熟发展（图 3-9）。

案例：纽约市拉丁美洲裔社区花园实践

20 世纪 60 年代，城市衰落引起了人们对城市绿地的兴趣，当时城市中的闲置土地通常容易作为毒品交易和其他犯罪的场所，因此部分纽约市居民自发将其改造成许多社区花园，提高了城市空间的吸引力，并为社区发展创造了机会。目前，纽约市拥有美国最活跃的社区园艺运动之一，有超过 14000 名园丁在 700~1000 个花园工作，超过 15 个非营利组织和政府机构致力于支持花园建设。其中，在纽约一些较为落后的贫困地区，有大量涌入的拉丁美洲地区和非洲地区的移民人口，他们面临社会贫困、粮食缺乏及就业困难等问题，发展社区花园成为他们必要的谋生手段之一，同时他们也将自己的种族文化引入花园。

从花园的组织机制来看，社区居民具有很强的自主参与意识，建立了分工明确的自组织管理体系，包括花园经理、普通参与者、外部协调员、园艺师等，使得花园在日常运转中分工明确、有条不紊。其次，从花园特征来看，具有很强的民族文化特色，从结构、设计及植物选择都体现了参与者原国籍的文化特色，如构筑上的木制小屋卡西塔斯（Casita），这是拉丁美洲花园的特色，在波多黎各地区，农民在田地里会建造类似的小屋，以避免日晒雨淋以及作为社交和世俗宗教庆典的场所（图 3-10、图 3-11）。

---

1 图片来源：改绘自边防，吕斌 . 基于比较视角的美国、英国及日本城市社区治理模式研究 [J]. 国际城市规划，2018，33（04）：93-102.

图 3-10　社区花园航拍[1]

图 3-11　居民参与花园管理[1]

2. 中国台湾社区治理模式

中国台湾地区的社区建设起源于 20 世纪 50 至 60 年代，是在社区发展运动影响下开展的，最初推行的是一种自上而下的发展模式。后以 1994 年开展"社区营造运动"为转折点，将关注点由公共设施建设转向人与文化，从社区居民的生活所需出发，以社区居民再造为主体，以激活社区居民归属感为动力，推动社区治理结构和治理功能的整合。历经"社区总体营造计划（1995 年）""新故乡社区营造计划（2002 年）""健康社区六星营造计划（2005 年）""地方文化生活圈计划（2009年）""社区营造三期及村落文化发展计划（2016 年）"前后相承的五个阶段。在这个过程中，政府部门强势干预不断退却，行政力量渐次回归公共服务职能，回顾其治理历程，其最大成功是政府在对社区赋权的过程中，公众意识的逐渐觉醒，使得"市民社会"逐渐浮现（表 3-4）。

1　图片来源：纽约市拉丁美洲裔社区花园 . SCAPE. [EB/OL]. [2022-10-09]. https://www.scapestudio.com/projects/103rd-street-community-garden/.

年代	政策	治理目标及内容	"社会共同体意识"的培育
1995—2001 年	"社区总体营造计划"	以"社区共同体"的存在为前提和目标，政府对社区赋权，居民自主经营社区生活并解决社区问题	强调社区是一种民主社会的生活方式，是介于社会与家庭团体之间具有共同意识的社会团体
2002—2004 年	"新故乡社区营造计划"	以"人文新台湾，现代桃花源"为新愿景，以生活社区为单位，居民自主参与为主，政府提供行政经费支持，专业者指导协助	建设一个符合人性关怀健康与福祉的永续社区。投资社区的生活环境，强调激发集体意识的"造人运动"，共同寻找文化定位，带动地方发展
2005—2008 年	"健康社区六星营造计划"	以"六星"（产业发展、社福医疗、社区治安、人文教育、环境景观和环保生态）为目标	健康社区是自主运作且永续经营，强化居民主动参与，建立由下而上的提案机制，培养社区自我诠释和解决问题的能力，培养社区人才
2009—2015 年	"地方文化生活圈计划"	"凝聚社区的情感，激起对家园的关怀"，帮助地方政府建设社区文化馆，鼓励社区进行创新实验，引导民众参与，并激发他们对所在社区的共同情感	深化社区艺术文化，强调生活与文化的融合，通过空间整理与地方人士共同经营提升生活质量，深化生活美学，让社区文化生活永续传承
2016 年至今	"社区营造三期及村落文化发展计划"	"由下而上"逐渐发展为兼具"由内而外"（社区营造）及"由外而内"（村落文化发展）双向辅导策略模式，持续强化以更积极的行动落实文化平权、公民参与及社会永续发展的愿景	借助文化活动的推展，创造居民共同新生活价值理念。扩大民间参与，依据社区需求现状和人力专长，提升居民被尊重需要的荣誉感和在地认同感

从治理内容来看，其培育内容既包括主体方面，让社区居民具有民主政治的素养和对社区的认同；又包括客体方面，建设具有民主、自由与平等观念的社会环境。

从治理机制来看，台湾社区治理形成了一种倒三角形结构：以"里组织"（台湾城市最基本的区划单位和最基层的组织单位）为核心的"民意沟通"渠道，以社区发展协会为主体的"社区自治"体系（脱离行政属性），和作为外围资源供给与监督的"官方力量"。

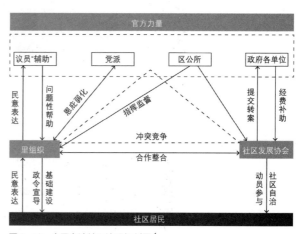

图 3-12　中国台湾社区治理机制图[1]

此外，在社区营造过程中，"台湾大学建筑与城乡研究发展基金会""台北市社区规划师团队""新故乡文教基金会""社区营造学会"等组织在其专业领域内给予社区居民辅导和支持，协助社区居民开展社区营造工作，帮助弱势群体发声向当局和政府争取更多的资源，同时也能够提供社区营造相关议题的咨询和指导，调节社区营造过程中的多元利益主体关系（图 3-12）。

1　图片来源：改绘自吴晓林.台湾城市社区的治理结构及其"去代理化"逻辑——一个来自台北市的调查［J］.公共管理学报，2015，12（01）：46-57+155.

案例：以灾后重建桃米村社区营造——乡村生态建设典范为例

桃米村因工业化、城市化和 1999 年"九二一"地震成为埔里镇最贫穷的村落，同时也是受灾最严重的村落之一。后经过社区治理，桃米村从环境杂乱、发展无力的边缘社区，转型成为融有机农业、生态保育、文化创意等于一体的乡土生态建设典范。

其整个治理过程秉承"造人比造屋重要"的理念。灾后营造的主体由 NGO（新故乡文教基金会）、社区居民、专业知识人员以及政府共同构成。整个过程在 NGO 的推动下，以社区居民为主体，在专业知识人员与政府协助下完成，是"自下而上"的过程。

新故乡文教基金会发起"清溪活动"，通过组织专家带领居民对当地生态资源进行调查摸底并开展培养休闲产业相关课程，三方共同讨论建立发展目标并制定主要重建内容。

社区居民在此次社区营造中起到了非常重要的作用，包括通过社区课程培养成为"生态解说员"，了解当地的生态资源和经济价值，自觉加入重塑家乡的队伍；提供营建初期的部分资金并拿出经营收入的一部分作为社区发展共同基金；参与社区的营建过程，包括志愿者手工搭建标志性建筑纸教堂（社区与游客中心），建造民宿 16 个，参与设计了村内公共空间环境，如亭、景观灯、标志等（图 3-13、图 3-14）。

图 3-13　桃米生态村游览地图 [1]

图 3-14　标志性建筑——纸教堂 [2]

3.4.3 混合型

混合型治理模式以政府行政引导与基层居民自治互相交织发挥作用。治理方式通常由政府部门人员与地方及其他社团代表共同组成社区治理机构，或是由政府有关部门对社区工作和社区治理加以规划、指导，并拨给较多经费，但政府对社区的干预相对比较宽松和间接，社区组织和治理以自治为主（图 3-15）。

1　图片来源：桃米生态村游览地图 . 桃米生态农业园 . [EB/OL]. [2022-10-09]. https://www.taomiala.com/2473636938266913 1859.html.

2　图片来源：纸教堂参观及服务 . 纸教堂新故乡见学园区 . [EB/OL]. [2022-10-09]. http://paperdome.homeland.org.tw/page/story.

其主要特点包括：①公私之间建立紧密的合作关系。社区的自治水平相对较高，政府不直接干预社区管理，仅为社区规划建设提供指导与经费支持；②多元主体相互协作分工明确。政府提供行政辅助，社会组织作为中坚力量引导居民为主体参与。

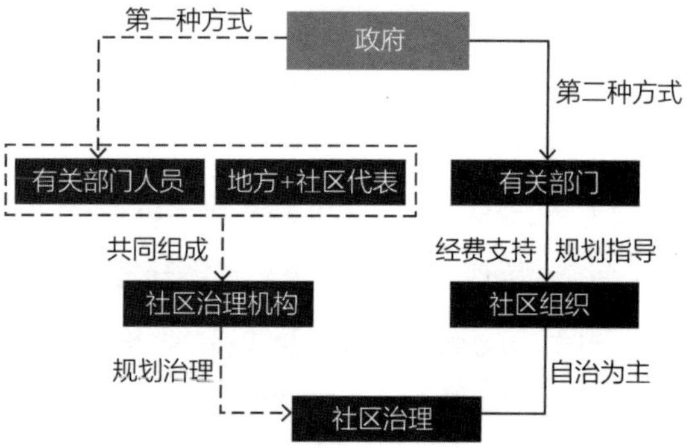

图 3-15　混合型治理模式图

1. 日本社区治理

日本社区营造的概念产生于 20 世纪 60 年代，在 20 世纪 60 年代，日本经济进入了高速增长阶段，大量人口向大城市迁徙，地方人口大幅度下降，中小城镇和村落日益衰落。在全球"市民社会"和"公众参与"的影响下，日本国内开始反思经济发展对于人居环境的影响，并着手进行社区治理。日本社区治理可分为三个阶段：探索期——市民参与型治理（1960—1970 年）；发展期——社会力量和居民参与水平不断提高（1970—1990 年）；成熟期——社区营造和居民自治趋于成熟（1990 年至今）（表 3-5）。

日本社区治理发展表　　　　　　　　　　表 3-5

年代	背景	治理主体及组织形式	治理内容	治理目标
1960—1970 年（探索期）	"二战"后，城市逐渐出现一批经济衰败区。1972 年后，社区和历史街区也面临销毁和拆迁的威胁	市民组织主导，居民参与	社区环境改善；历史街区保护；促进市民合理参与	针对衰败社区进行环境改造；日本《古都保护法》《文化财保护法》等法律的制定推动历史文化遗产的保全；对社区环境公害问题予以控制和治理
1970—1990 年（发展期）	逐步形成具有规模的市民参与体系，推行"分权"，出现"革新自治体""地域会议""市民会议"等制度	市民及町内会[1]为参与主体，政府提供资金和技术支持	社区环境提升；社区福祉提升；促进市民合理参与	促进市民参与社区营造；促进各方参与社区治理；强化社区抗灾害和环境公害的能力
1990 年至今（成熟期）	进入经济产业结构调整转型期，1995 年日本阪神大地震使得政府和市民认识到非营利组织和非政府组织、市民团体、市民的积极作用	市民参与为主体，政府为辅助，市民组织、町内会等组织积极参与	社区文化提升；社区组织完善；NGO 组织规范化；社区服务水平提高	继续对社区环境进行改善；促进和规范第三方参与社区治理；提升社区服务水平和质量

1　町内会，也叫"自治会""町会"，是日本最主要的社区组织，是由地方居民自发成立的邻里组织，其历史可以追溯至平安时代，最开始出现在偏僻村落。

从治理内容来看，从早期历史街区保护逐渐发展扩大，但基本围绕集体行动和社区生活文化等内容，包括住区环境改善、历史街区保护、提升社区福祉、社区地域活化及抵御自然灾害。

从治理机制来看，基本形成了"市民参与为主体，政府行政为辅助"的治理模式。政府提供资金支持，采取规划、监督等间接干预措施，社区自组织包括町内会（老住户社区自组织）、自治会（新住户社区自组织）、社区营造协会等，具有极强的自主性来推动社区事务治理工作。NGO、NPO在此发挥了重大作用，形成了"NGO主内，NPO主外"的模式，NPO对外沟通政府等部门，获得资金及技术支持，以改善提升社区环境、服务及文化，并逐步形成以NPO为中心的"中间支援"组织；NGO对内组织动员居民参与，开展具体的活动组织及社区培育工作。

日本的混合型治理模式特征可总结为：居民自主性及参与意识较高，通过"自上而下"引导与"自下而上"自治相结合的方式，以社区居民为主体的"社区培育"活动为基础展开，NPO及NGO作为协调各方资源的中间力量，为社区提供了资金和技术等多方面的援助，政府通过行政力量予以辅助和补充（图3-16）。

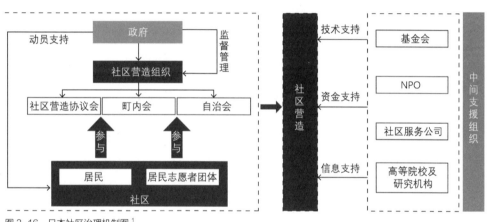

图 3-16　日本社区治理机制图 [1]

案例：日本古川町——休闲社区营造

20世纪50年代至70年代,日本古川町由于城市化导致传统村落社会迅速崩塌，污染非常严重,当地产业、自然资源、文化遗产受到损坏。古川町自1968年起历经四十年持续不断的社区营造，获得了日本的"故乡营造大奖"，成为日本社区营造的成功典范之一。

在此次治理过程中，当地报纸《北飞时报》发起清理河川运动，当地政府颁布《古川町市街地景观保存自治条例》，阻止了古川町的不当开发，保护了当地的传统木匠产业。

1　图片来源：改绘自边防，吕斌 . 基于比较视角的美国、英国及日本城市社区治理模式研究［J］. 国际城市规划，2018，33（04）：93-102.

图 3-17　飞弹市古川町观光介绍图 [1]

图 3-18　古川町代表濑户川和白壁土藏街 [2]

除了政府制度和立法支持、当地企业贡献外，真正推动社区营造、推动日本社会变革的力量是市民团体和普通居民。人们为了表达维持水质的决心，一起放养了 3000 多条锦鲤（日本国鱼），每户居民从自家门前做起，晨、昏两次固定清理河中的垃圾。锦鲤成了当地居民共同的事务。此外，村民还组成了各种各样的组织，为建设故乡出谋划策，政府只是充当服务的角色，例如当初日本政府在兴建经过古川町的 41 号国道时，古川町的居民认为这是关乎当地风貌的大事，当地人一番研究，向政府建言，决定在道路沿线种植榉木，这样可以营造一条绿色的道路（图 3-17、图 3-18）。

2. 中国上海社区治理

中国城市社区治理体系发展较晚，但上海在改革开放四十多年间已经成为全国社区建设的先行者。就具体历史进程来看，其社区治理体系主要可概括为三大阶段，第一阶段为 1978—1995 年，此阶段以街居为主体的社区制度开始成立，上海首提"两级政府、三级管理"构想，社区治理体系开始萌芽；第二阶段为 1996—2013 年，街居体制进一步稳固，社区治理体系得到完善，企业等社会性组织也开始纳入体制中；第三阶段，2014 年至今，上海社区治理体系开始改革与创新，将街道职能转移至社会管理及公共事务上，社会组织成为组成主体之一（表 3-6）。

上海社区治理发展表

表 3-6

年代	背景	治理主体	治理措施	治理目标
1978—1995 年	就业经济短缺	政府	街居体制、两级政府、三级管理	解决就业和经济紧缺问题
1996—2013 年	经济持续发展	政府、企业、社会组织	两级政府、三级管理、四级网络	推动社区建设
2014 年至今	经济增速放缓，社会 - 经济极化加剧，人本主义等理念开始得到关注	政府、企业、社会组织、个人	党建引领、社会参与	促进社区自治；推动居民及社会组织参与社区治理

1　图片来源：飞弹古川观光介绍图 . 飞弹市观光案内所 . [EB/OL]. [2022-10-09]. https://bellawland.com/2017/05/08/.
2　图片来源：飞弹老城的景色 . 维基百科 . [EB/OL]. [2022-10-09]. https://en.wikipedia.org/wiki/Hida,_Gifu.

改革开放以来，在经济加快转型发展、社会结构趋于多元、群众需求复杂多样的背景下，上海社区治理内容包括：社区服务方面包括养老服务、助残服务、托育服务、家庭服务、健康服务、法律服务等；社区精细化管理方面包括纠纷调解、物业管理、社区环境提升等；社区公共安全方面包括社区群防群治、社区应急体系建设等。

在治理机制方面，上海社区治理体系以"党建引领"为中心，在"街—居"体制下，形成了"两级政府、三级管理、四级网络"体系。在这个体系中，上海街道作为一级准政府地位得到了加强，在上海市强调党组织中心作用的情形下，街道党工委承担起协调和推动社会各组织力量参与社区治理的核心作用，以党组织体系为依托，通过党建工作体系吸纳社会力量参与。最终形成以街道党工委为核心、社区党组织为基础、驻区单位党组织共同参与的区域化党建格局。

居委会是社区治理的基层角色，是基层群众自治组织，需要联系和组织社区居民，推动社区治理的共商共治。目前，在上海市基层通过"五位一体"的组织管理框架，构建了以社区党组织领导、居委会指导、物业管理企业服务、业主委员会自治、居屋监督委员会监督的共同参与、良性互动的工作格局（图3-19）。

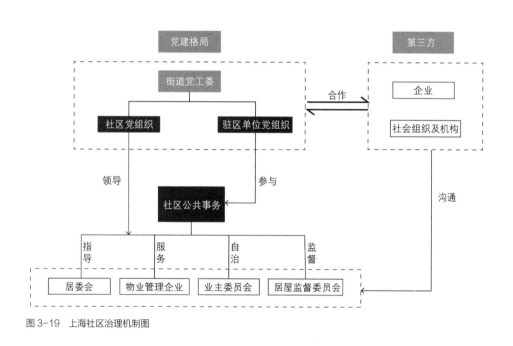

图 3-19　上海社区治理机制图

案例：上海曹杨新村更新治理

位于上海市普陀区的曹杨新村是新中国第一个工人新村。近年来，作为国内城市更新发展起步较早的地区之一，上海市构建了以曹杨社区、新华社区为代表的"15分钟社区生活圈"。曹杨新村在政府政策支持及资金扶持下，为国内其他城市提供了良好的示范。

在此次更新中，政府与私有部门合作，以市场导向推动旧城更新。政府加大金融政策支持力度，同时利用地方国企背景推动市场资金进入，以解决资金短缺和营利慢等问题。设计师积

图 3-20　曹杨新村航拍 [1]　　　　　　　　　　　　　　　图 3-21　曹杨新村公共空间 [1]

极开展社区居民意见调查活动，利用线上线下平台收集居民意见，让居民充分参与到社区改造中来。

　　曹杨新村在打造"15 分钟社区生活圈"过程中，首先考虑的是宜居，将老旧住房整体更新，将原来非成套的房屋改造为成套房屋。同时，围绕道路和曹杨环浜打造生态宜居的生活环境。曹杨街道整体风貌提升，既保留了历史的印记，又结合了居民对新生活的需求，有针对性地提升了居住品质。整个街道围绕宜学、宜游和宜业的初衷，运用数字化转型等技术，让老工人新村重新焕发了生命活力，成为新时代打造人民城市建设的示范点（图 3-20、图 3-21）。

3. 中国深圳社区治理

　　深圳社区治理是伴随着深圳农村城市化、特区一体化的进程而演变的。自 1979 年深圳建市以来，社区治理模式主要可分为四个阶段：以居（村）委会为主导的"议行合一"阶段（1979—2002 年）；社区党组织、居民会议、居委会"议行分设"阶段（2002—2005 年）；以社区党组织为核心的"居站分设"阶段（2005—2013 年）；"共建共治共享"的社区治理阶段（2013年至今）（表 3-7）。

深圳社区治理发展表　　　　　　　　　　　　　　　　　表 3-7

年代	背景	治理主体及组织形式	特点
1979—2002 年 （议行合一）	深圳还未实现 100% 城市化，原特区外宝安区、龙岗区仍存有大量居委会、村委会并存社区	居（村）委会为主导，承担大量行政职能	居委会将大部分精力放到政府下达的工作中，并未发挥很好的自治功能
2002—2005 年 （议行分设）	随着城市化的进程，社区管理组织逐步增加，建立起新型社区组织体系	社区党组织、居民会议、居委会	增加体制人员和机构使得工作重点下移，为解决居民自治和承担政府行政职能的矛盾

1　图片来源：曹杨新村航拍. 美好曹杨公众号. [EB/OL]. [2022-10-09]. https://mp.weixin.qq.com/s/CoSsq4EeX3Fq9EzzTjdxkA.

年代	背景	治理主体及组织形式	特点
2005—2013 年（居站分设）	建立社区工作站，与社区居委会分开设立，各司其职	社区党组织、政府、社会组织、居民、企业	居委会和工作站成员交叉任职较多，社区行政化严重，不交叉任职的居委会有空心化、边缘化现象
2013 年至今（共建共治共享）	党的十八届三中全会使用"社区治理"概念，赋予"共建共治共享"新内涵	社区党组织、社区工作站、居委会（社区自治）、社会组织、社区党群服务中心	充分发挥基层党组织领导核心作用，有效发挥基层政府主导作用，注重发挥基层群众性自治组织基础作用，统筹发挥社会力量协同作用

从治理内容来看，涉及社区成员生活的许多方面，包括社区文化和精神文明建设、社区安全、公共卫生、物业管理、社区服务、社会保障与社区福利等。

从治理体制来看，其治理体系逐步完善，基本形成以社区党委为领导核心、居委会与社区工作站"居站分设"、社会力量参与的共建共治模式。

社区党群服务中心是过去的社区服务中心，社区党委书记处于核心领导地位，是开展党建、治理、服务的重要依托，社工依托其在各社区中组建的社区志愿者组织。

"居站分设"指的是在基层社区同时设立社区工作站和社区居委会，分别承担政府的公共服务工作和居民自治事务，两者各司其职，相互配合。社区工作站作为"政府在社区的服务平台"，它的主要职责是承接政府部门下派的治安、就业、民政等工作，以及进入社区的行政事务。配合、支持、协助社区居委会履行职能，配合社会力量以及社区服务站开展便民服务工作。社区居委会是居民自我管理、自我教育、自我服务的基层群众性自治组织，社区居委会接受街道办事处的指导，依法履行职责。在社区居委会下成立若干居民小组，协助居委会实行民主选举、民主决策、民主管理、民主监督，推行居委会事务公开。社区服务站是社区居委会兴办的社区福利服务和便民利民服务的机构，被形象地称作社区居委会的"手"，服务项目包括老年服务、托幼服务、家政服务等，是非营利的。社区党组织、社区工作站、社区居委会三个主体一套人马，由居民投票选举产生。

NGO 机构在社区公共事务中也扮演着越来越重要的角色：一是充当政府和社会沟通的桥梁，履行行业协调管理职能；二是创造了许多新产业和就业岗位；三是有利于社会公益事业的发展，其参与社会治理实践最重要的方式是"社工 + 义工"双工联动。

得益于信息技术和互联网的发展，深圳的社区治理模式也取得了创新，典型代表是"织网工程"与"智慧社区建设"，可以实现信息资源跨区域、跨层级、跨部门的互联互通、融合共享和智慧政务、智能管理、智慧服务等功能（图 3-22）。

案例：深圳龙岭社区

龙岭社区是深圳市龙岗区布吉街道下辖的一个面积仅为 0.33km^2、人口超过 1.4 万人的城中村综合社区，自 2017 年起经过几年的积累沉淀，打造了多个"共建共治共享"示范点，多元主体参与，居民幸福感直线上升，形成了基层社会治理"龙岭模式"。

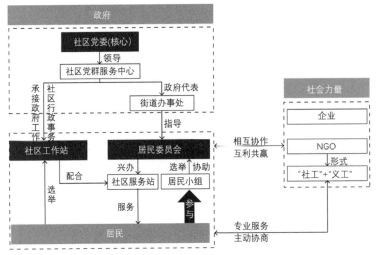

图 3-22 深圳社区治理机制图

图 3-23 16 个核心示范点[1]

图 3-24 居民在睦邻小院开展建党 100 周年剪纸活动[1]

在龙岭社区更新中，龙岭社区党委推出"美好生活·龙岭花开"的共建共治共享项目，以社区党委为核心，发动社区内的医院、物业、学校等企事业单位、居民，以及沿街的单位和商铺，共同参与到社区治理中，创新打造了 16 个"共建共治共享"示范点，汇聚社区内达人形成"龙岭治理智囊团"，共享场所资源形成"15 分钟文化体育圈"，打造"医养院社"示范点等。龙岭路已成为"美好生活·龙岭花开"一公里民生幸福街（图 3-23、图 3-24）。

3.4.4 对比总结

综上，三种模式在不同政治环境和时代背景下，都产生了积极的效果，其中政府主导型模式下的公共空间规划，整体性、专业性较强，符合城市规划发展及绿地系统完善的大方向，在街区公共空间进行基础性整治中使用较多。但由于街区尺度的限制与现场环境的复杂，此种模式无法深入

---

1 图片来源：0.33km² 的社区，一条 1km 民生幸福街，竟有 16 个党群服务阵地. 深圳智慧党建公众号. [EB/OL]. [2022-10-09]. https://mp.weixin.qq.com/s/jL6N_q0to0_Blh-aB3bmvQ.

尺度较小的胡同及院落中；且自上而下地统一规制，降低了空间异质性，与居民日常生活产生距离感，空间利用率与街区活力相对下降。

居民自治型模式在体制范围之外，自主性强，承载了居民日常生活中必要性活动，促进了自发性活动及社会性活动的产生。在没有正式资源赋予的条件下，自组织模式把原有紧紧附着于街区中的邻里关系和社区关系，通过绿色空间的营造过程将其放大为一个很大的社会网络，形成一个相对自主的种植空间与活动交往空间。但其自下而上的无组织性与随意性特质，以及仅靠生活经验进行的搭建、种植，导致绿色空间质量参差不齐，不利于街区整体景观环境的营造。

混合型治理模式由政府和居民共同参与，并积极引进第三方资源，是在社区治理过程中逐渐发展出来的高阶阶段，不同国家政府干预和居民自治程度不同，发展成熟度不同。

从案例来看，成熟的社区治理组织体系呈现出横、纵向网络结构，能够很好地融合多方力量，发挥各自的专业优势，上接政府、下联群众，培养共同参与的良好氛围。在这个治理模式中，政府应当尤其注意简政放权，明确与社区自治体的关系——指导与被指导，而非领导与被领导，并引导居民积极参与进来，培养"家园意识"，提升社区治理的内在动力，建立多元化的组织参与体系，同时协调好各方工作，加大社会组织参与社区治理的力度，并提供政策和资金保障（表3-8）。

各类型社区治理对比表 表3-8

治理模式类型	主要特征	共同点	优点	缺点
政府主导型	国家与社区间设立多层级的管理机构，建立从政府到基层进驻社区的沟通渠道；需要政府下放权力，培育社区自治能力；政府提供主要的法律政策及资金支持	促进公私部门之间的合作与协调；社区治理受到了较强的政策及资金推动	政府主导下社区治理，整体性、专业性较强，符合城市发展的大方向；可快速整合社区资源	降低了社区的异质性；居民参与意愿较低
居民自治型	社区自主规划和治理的权力高；第三方力量发展程度较高，在社区治理过程中发挥较大作用；借助市场机制完善社区治理；政府主要起到监督等辅助作用		促进了自发性及社会性活动的产生；社区间的异质性强	私利趋向明显；社区治理质量参差不齐
混合型	以政府行政引导与基层居民自治互相交织发挥作用，"自上而下"和"自下而上"相互结合；政府有关部门对社区工作和社区治理加以规划、指导，并拨给较多经费；居民单独或者和政府相关部门共同组成治理组织；第三方同样发挥了重要作用		能够同时较好地融合多方力量，打造良好的共治氛围；社区居民的参与意识得到提高	各方力量的权衡需要投入时间和精力组织参与；参与居民的不可控因素较高

3.5 社区公众参与

3.5.1 公众参与

随着管理的深入与实践的展开，政府官员与学者们越来越发觉，城市管理的重点应以市民百姓为中心，加强民主价值和公众利益。而"公众参与"作为一种有计划的行动，恰恰能够帮助管理者实现与市民的沟通对话。它通过政府部门和开发行动负责单位与公众之间双向交流，使公民们能参与决策过程并且防止和化解公民和政府机构与开发单位之间、公民与公民之间的冲突。

对于公众参与的定义，不同领域的学者，有不同的诠释，可以从三个方面表述：①它是一个连续的双向交换意见的过程，以增进公众了解政府等机构所负责调查和拟解决的环境问题的做法与过程；②将项目、计划、规划或政策制定和评估活动中的有关情况及其含义随时完整地通报给公众；③积极地征求全体公民对设计项目决策和资源利用、比选方案及管理对策、信息交换和推进公众参与的意见和建议。

而公众参与的方法与流程，1969年谢里·安斯坦（Sherry Arnstein）在发表的论文《市民参与的阶梯》（A Ladder of Citizen Participation）中，提到了公众参与的八个阶梯，从低到高分别为：①操纵（Manipulation）；②治疗（Therapy）；③告知（Informing）；④咨询（Consultation）；⑤展示（Placation）；⑥合作（Partnership）；⑦权力转移（Delegated Power）；⑧公民控制（Citizen Control）。这对公众参与的方法和技术产生了巨大的影响，为公众参与成为可操作的技术奠定了基础，至今仍广为世界各地的公众参与者、研究者和实践者所采用。

随着我国城镇化水平的不断推进，为了确保城镇规划编制的合理性，《中华人民共和国城乡规划法》明确规定了，在城乡规划过程中要实施全过程的公众参与。在"将规划落到最后一公里"的社区更新中，公众参与的力量不容小觑，积极组织公众参与，解决居民实际诉求，对更新类型项目的推进有重要的作用。

3.5.2 公共参与活动形式

1. 社区民意调研

不可否认，社区民意调研是整个社区更新中的一个重要环节，居民是社区场地面对的受众，同时因为居民对于社区中场地有更加充分的认识，他们也是对于场地问题了解最深刻的人群之一。但是由于个人喜好、文化程度不同以及可能存在的语言表述等问题，每个人对于场地的诉求不同，所以在社区民意调研时，首先需要大量广泛的调研，同时设计师需要有足够的判断力和理解力，通过问卷调查、社区走访等方式可以直接了解居民的想法。基于社区民意调研，再去做规划设计，可以更加接近居民原本的诉求，而不被设计师先入为主的思想主导，激发出更多思想的火花。

图 3-25　社区民意调研

从团队进行的多次社区民意调研中总结，可以通过提前联系社区居委会，居委会发动群众参与，能够获得较高质量的调研结果。贸然前往，可能会受到居民的质疑与不信任。在民意调研前，需要准备相应的材料，包括提前设计好的调研问卷，选项贴纸等，尽量做到浓缩、易懂、无争议选题。在民意调研过程中，首先，要选择居民熟悉、安全、安静的环境，这样居民会比在陌生环境中更加倾向于表达自己对于社区改造的想法；其次，要及时了解居民需求，如一些居民年纪比较大，需要调研员帮忙读题和辅助选择，遇到不太明确的问题，调研员也要给予及时解答。调研问卷获得后，要及时进行结果的整理和分析，从而得到需要解决的主要问题与其背后的原因（图 3-25）。

我们还可以充分利用网络制作电子调研问卷，由社区居委会向居民发放，这样能够提高调研效率。在北京疫情管控时期，调研员无法到访社区，与居民面对面，团队使用这种方式，起到了良好的效果。

社区民意调研需要耗费大量的时间和精力，也只有这样才能获取到大量可靠的反馈，才能支撑起之后的社区更新改造，有巨大作用和意义。

2. 社区讲堂

社区居民的知识水平往往存在巨大差异，同时对于专业知识不够了解，对于新知识的认知存在滞后性，设计师团队通过简单的图示和通俗的语言将专业知识向居民传播，让居民更好地从专业方面了解社区规划设计，包括城市规划解读、常用户外植物认知、设计基础知识、典型案例、植物栽植养护等方面。居民经过社区讲堂之后，居民与设计师的想法能够基本达成共识，对于之后方案的提出会减少不必要的矛盾。

例如团队在进行北太平庄街道学院南路 32 号院社区公众参与的社区讲堂中，向居民分享了社区绿地的分类知识以及一些常见植物学知识，这些内容对于专业人士来说比较基础，但是对于居民来说这样的知识已经非常专业了，因为参与的对象非常广泛，包括老人和孩子，有专业的，有业余的，理解能力不同。因此，在讲述的过程中，需要把专业的知识用通俗易懂的方式传递给居民，需要结合他们切身体会的场景，利用打比方等方式，结合小故事，让居民对专业知识有代入感，有助于居民理解和消化，起到讲堂的作用（图 3-26）。

图 3-26 社区讲堂

图 3-27 直接参与设计

3. 直接参与设计

在经过充分交流之后，设计师团队整理分析居民的诉求并提出多个方案，通过方案见面会，居民参与到方案比选中，直截了当地与设计师交流，经过居民投票，得出大部分居民满意的方案，对于方案中存在异议的地方，再经过多次交流后得出最终的方案。在整个交流过程中，居民与设计师团队能够更加充分地进行思想碰撞，鼓励民意的表达，使居民的参与感得到满足。

在居民和设计师团队交流的过程中有时候并不是十分友好，因为社区更新改造过程中确实涉及很多居民自身的利益，而设计师团队是在居民个体的意愿和社区公共利益之间去找平衡点。一旦这个平衡点稍有偏差，感觉自己利益受到侵犯的居民就会提出自己的意见和建议，需要设计师团队根据专业经验权衡利弊，当场给出解决方案，直接调解现场矛盾。在这个过程中，居民提出自己的意见是好事，确实每个居民的需求都不一样，只有尽可能地去满足大部分居民的需求，才能得到一个比较满意的结果，所以直接参与设计是参与社区共治共享非常高效的方法（图 3-27）。

4. 社区共建

经过辛苦劳动之后，人们会更加珍惜其所创建的成果，在社区营造中，也是同样的道理。居民用自己双手去完成社区共建，一方面将自己的想法付诸实践，获得成就感；另一方面社区居民邻里之间的感情也得到升温。在经历社区营造过程之后，居民对于场地会有更深的认同感，社区公共空间的后期维护管理也更加便捷。通过社区公共空间自治，就可以完成每个社区的环境提升与维护，节省了大量的人力、物力。

目前社区共建的案例非常多也非常普遍，如上海同济大学的刘悦来教授的团队，倡导的社区花园系列微更新，充分发挥民众的积极力量，协助上海 12 个区不同类型的社区营造了超过 200 处社区花园，支持了超过 900 个居民自治的迷你社区花园以及超过 1300 场社区花园与社区营造工作坊。通过这样的实践我们可以体会到将权力下放的好处，就是让社区居民变为社区共建花园的主人，逐渐形成社区的公共事务由社区居民共同承担的趋势。

在社区共建的过程中，也会面临很多困难，这种模式目前来说比较适合较为孤立的小绿地，而不适合社区中大面积的广场建造，原因有两方面：一是在活动过程中，团队需要用专业知识引导居民，社区建设团队需要承担居民的最终建造成果不能达到较高水平的后果；二是活动过程中，人群比较密集，涉及居民的组织和管理，出于保障居民人身和财产安全的角度考虑，花园共建应用于大量的社区治理中还需要更进一步的探索。

3.6 面临的挑战

党的十八大以后，随着公民权利向社会治理领域扩张，各地城市规划决策的制度改革措施与公众参与促进方式也在持续研究和试验中。党的十九大报告强调，"加强社区治理体系建设，推动社会治理重心向基层下移，发挥社会组织作用，实现政府治理和社会调节、居民自治良性互动"。在具体的社区更新实践中，地方政府、开发商、社区分别作为国家、市场和社会的代理人不断博弈，仍面临一些问题和挑战。

3.6.1 社区治理机制不够灵活

目前，我国大多数的社区治理是由街道办事处、居委会、业委会和物业管理公司协同管理，其中街道办事处与居委会属于政府职能机构，多遵循自上而下的管理模式。物业公司为实施主体，业委会有自下而上的监督功能。一些老旧小区因缺少后两者，直接由居委会管理，社区治理体系较为笼统，又存在着职能交叉而导致主体间存在矛盾。近些年来，"多元主体协商治理"模式也在一些社区进行试点，但未总结出一套普适的方法。如何让管理机制灵活起来，形成共治共享的治理格局，仍然是当前社区治理的难题。

通过完善法律规章，健全执法机制，加强指导和监督，从而保障社区治理稳步推进。鼓励社会组织、社区志愿者、社会工作者等专业人士加入社区治理中，凝聚社会力量，促进协商共治。

3.6.2 公共意志与资金投入存在矛盾

老旧小区公共空间的更新改造属于提升类改造或完善类改造。提升类改造的资金筹措采取市场化模式，通过市场化运作方式，吸引社会资本参与；完善类改造采取"多个一点"方式筹措资金。而公共空间更新中，公共意志在社会资本面前往往显示出"公益性"特点，市场投资对于此类改造的兴趣不大。老旧小区公共空间更新改造同样如此，由于居民的需求基本围绕环境整治、设施更新等无收益的改造内容，所以从资金平衡角度来看，社会资本缺乏投资动力。

探索老旧小区公共空间更新维护基金的建立，通过集结多方建立"小队"，如社区业委会、物业服务企业等参与、居委会配合的社区联席议事机制，长效跟踪项目的后期使用及维护情况，引导居民共商改造后老旧小区的管理维护模式，共同维护改造成果，实现社区的长效动态更新。

3.6.3 居民的社区公共事务参与程度有待提升

在诸多利益相关主体中，居民作为更新改造过程中物质环境损失的承担者和改造后城市空间的实际使用者，无论从损失补偿、市场需求还是公共利益的角度，都应当被纳入城市更新的决策过程中。随着居民生活水平的不断提高，居民对美好生活的需求也不断增长，呈现多元化趋势。由于种种原因，当前一些社区仍存在着居民对社区治理行为参与方式单一、参与链条不完整、参与度不足，个人诉求无法得到倾诉、居民被象征性忽略等情况，从而使得社区部分居民对社区治理成效认同不足。

要发展我国特色的社区治理路线，应着力解决以下几方面问题：①政府相关机构应提出注重沟通民意、响应时下发展热点，以符合城市发展及居民诉求的政策制度推动项目实施；②政府应鼓励第三方组织参与社区微更新，并强化对第三方组织的能力培训，提供政策、资金、能力培训等支持；③提高公民自主参与意识，现状居民仍处于相对被动化参与，需要提高参与热情，并在技术方式上提高居民参与的能力，采用低门槛、易操作的方式引导参与；④参与过程中信息公开透明，规范明晰各利益相关者的权责义务及社区内部自组织管理发展的详细条例，通过明文协议等方式提高社会监督力及执行力，增加公众参与的效率。

4

安贞街区焕活更新规划实践

4.1 历史的沉默

在城市空间中，街区一直扮演着重要的角色，它包含街道、公园、广场等多种公共空间，并承担着交通通道、公共交往与文化载体等不同城市职能。然而在快速城市化过程中，城市街区受到经济利益驱动，城市人口、机动车数量快速增加，老旧街区已经不能满足日益增长的生活需求及多样的功能需求，原有的优势如饱含底蕴的历史文化等都由于街区的落寞陷入沉默之中。

安贞街区位于北京市朝阳区的西北部，与东城区、西城区、海淀区接壤。因管辖区东北角原有元大都安贞门而得名。安贞街区的地理位置十分优越，街道西邻北京城的中轴路（鼓楼外大街），南可望故宫、天安门，北通国家奥林匹克体育中心。辖区拥有悠久的历史文化，其有西黄寺——现为中国藏语系高级佛学院，院内有六世班禅衣冠塔，又称"清净化成塔"，还有木偶剧院等具有艺术色彩的文化场所。然而在安贞街区空间中，居民们没有切实感受到历史给予安贞街区的馈赠，并且难以产生对安贞街区文化的认同感以及归属感，整个安贞街区文化缺少与当地居民进行"对话交流"的空间，展示文化的方式普通且单一，让人容易忽略文化本身并且产生疲惫感（图4-1）。这些关于文化的问题在安贞街区尤为突出，安贞街区曾经灿烂的历史文化被空间限制、被围墙封口，只能在熙熙攘攘的轰鸣声中"沉默不语"。

图4-1　安贞华联南广场

4.2 社区的沉闷

老旧小区是城市的成长印记，曾经承载着人们对美好生活的追求与向往。北京是一座古老的城市，老旧小区记录了这座城市不同历史时期的社会经济和建设发展。随着城市化进程的不断加快，这些慢慢老去的"家园"，基础设施老化、配套设施不齐、社区公共空间衰败等问题日益突出，直接影响了居民生活质量、和谐小区的构建和美好城市的建设（图4-2）。

图4-2　社区广场空间

安贞街区辖区内的社区近九成属于2000年前建成的老旧小区，近142hm²，老龄化程度较高，老年人的占比达到45%。这些老旧小区随着年龄的增长，楼本体方面出现了各种问题例如需要抗震以及节能综合改造，在公共区域方面存在公共空间品质低、运动设施及儿童活动设施缺少或者破损严重、适老化的建设不够等问题，在管理方面，社区管理主体繁杂，推进改造与管理难度大。这些问题导致居民对于社区的满意度降低，同时也降低了居民在社区中的公共空间进行活动的意愿，使整个社区陷入"沉闷"。

4.3 慢行空间的沉疴

伴随着机动车的快速增长，传统的城市街道生活空间正在逐渐被挤压，街道文化的天平也已经向交通功能倾斜。一切都围绕着让机动车走得更快、更流畅、更安全，而忽略了城市中主体"人"的活动，因此城市道路效率与生活之间的矛盾也越来越突出。

安贞街区中也有着城市的"通病"，每当人们想来一次"绿色出行"，却屡屡被擦身而过的机动车惊出一身冷汗。随着这些年国家对于慢行空间的重视，安贞街区也做出了行动，例如2016年安贞街区的北三环路被选为北京市朝阳区交通慢行的示范区。但安贞街区的慢行空间仍然存在少数路段不连续、空间被侵占、步行空间不足、步行空间质量差等问题，这些沉疴虽然看上去不显著，但极大地影响了人们的骑行或步行的体验（图4-3）。

图4-3　现状道路

4.4 公共空间的沉寂

公共空间是城市中不可缺少的重要组成部分，它是城市公共使用度最高的空间，其包括了街道、广场、公园、小微绿地等。在城市街道公共空间上有车辆还有行人，人们往往会从街道上走过，又可能停留，在街道旁公共广场或者公园中进行社交与休憩等活动。而目前街区中的公共空间品质低，人车矛盾突出，这些问题导致人们在公共空间中停留的时间减少，相应的公共空间则变得沉寂，使用率低（图4-4）。

图4-4　简单又单一的公共空间

在存量更新的时代，类似安贞街区这样土地利用十分紧张的街区，提升现有的公共空间以及改造微小空间是现在的主要更新方式。目前安贞街区商业空间、广场及绿地空间面临着空间功能单一、缺乏特色及活力不足的问题，街旁绿地与街角空间设有栅栏，行人无法进入，缺乏精细化设计；消极空间如地下通道、桥下空间也未得到充分利用。这些空间无法营造出宜人的友好氛围，甚至拒绝人们的进入，如此情形更是加剧了安贞街区公共空间与街道的沉寂。

4.5 场地背景及目标

4.5.1 背景

时光易逝，安贞街区虽沉淀了历史，但在发展的同时也积累了许多的问题，如今的安贞街区就如同陷入了沉睡一般，许多街道与社区等公共空间已不能满足现代人更高的需求，能让人们真正愿意停下脚步的公共空间越来越少。然而人类已经进入生态文明新时代，城市发展强调以人民为中心。在国家层面，《中共中央 国务院关于进一步加强城市规划建设管理工作的若干意见》提出"推动发展开放便捷、尺度适宜、配套完善、邻里和谐的生活街区"，倡导"窄马路、密路网"的城市道路布局理念，加强自行车道和步行系统建设，提倡绿色出行。在市域层面，《北京市城市更新行动计划（2021—2025年）》中明确指出城市更新行动以街区为单元统筹城市更新，围绕城市功能再造、空间重塑、公共产品提升、人居环境改善、城市文化复兴、生态环境修复以及经济结构优化等方面对更新区域进行评估、梳理，科学划分更新单元，明确街区功能优化和环境品质提升的目标。

在这样的环境背景下，安贞街区积极开展街道治理，推进街区的品质建设。为了能更好地落实北京市政策管理要求，推动城市街区空间改造与更新，提升街区生活品质，安贞街区组织开展了《北京市朝阳区安贞街区城市有机更新指南》的编制工作，在街区改造方面进行了积极的探索。

4.5.2 目标

研究团队基于安贞街区现存问题以及北京市总体规划定位，参与编制《北京市朝阳区安贞街区城市有机更新指南》，遵循以人为本的原则，以创建城市更新试点为契机，深度挖掘场地文化特色，提出有效整治街区环境，提升公共空间品质，创建安全、便利、多元、宜居的和谐社区，创新基层治理手段等具体规划设计策略。

4.6 街区的激活与焕新

4.6.1 整体结构规划

安贞街区总体规划以便利性、宜居性、多样性、公正性、安全性为施策重点，整体改造提升采用小规模、多元化、渐进式的更新方式，保留街区原有的形式与精髓，通过修缮与改造，保持历史区域建筑的外部原有风貌，对其内部进行科学合理的改造设计，实现单一功能向多功能的转化，这种模式遵循了"有机更新"的理念，成为一种街道景观改造和发展的机制，并最终转化为街道空间品质的提升。

结合对安贞街区的综合分析结果，对安贞街区的空间结构进行总体规划，构建"多点汇核、双轴串联"的发展格局。多点：充分挖掘自身资源潜力，推动中国国际科技会展中心、原驻京办大厦、安贞华联、西黄寺、外馆斜街等重点建筑及区域的精细提升，整合建筑实体与公共空间的一体化设计，打造具有时尚气息的活力场所；汇核：将福建大厦、浙江大厦、安贞华联大厦和木偶剧院及其周边作为重点提升地段，打造商业活动最密集的安贞活力核心；双轴：依据朝阳分区规划，未来建安西路至建安东路将东西贯通，可结合北侧元大都遗址公园打造安贞慢行散步道，同时强化与现有公园、广场的空间联系，进一步织密慢行网络；串联：通过安贞路提质增绿，形成南北贯通的安贞"绿色活力轴"，在北辰路—鼓楼外大街、黄寺大街—外馆斜街形成协调统一的沿街风貌，在更新提质中强调文化元素，讲好"安贞故事"，形成"文化活力轴"。此次更新在盘清现状资源、梳理更新任务、明确更新需求的基础上，综合物管、产权情况，按照推进难易程度制定更新计划，鼓励以小区或社区为单元进行成片更新，最终形成"街区统筹，成片推进"的更新模式（图4-5）。

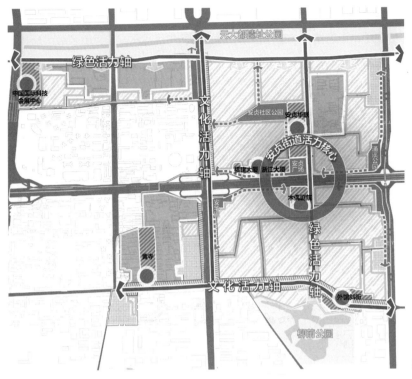

图 4-5　总体更新定位图

4.6.2 慢行系统规划：提高人行舒适性与安全性

慢行交通，通常指的是步行或自行车等以人力为空间移动动力的交通。慢行系统的规划就是引导居民将步行、自行车等慢速出行方式作为城市交通的主体，能够有效解决街区快慢交通冲突、慢行主体行路难等问题，引导居民采用"步行 + 公交""自行车 + 公交"的出行方式。以人力出行为主体的慢行交通体现了以人为本、环境友好和可持续发展的理念，其在健康方面对环境、公众健康都有积极影响，有助于打造适宜生存和居住的健康环境。

结合调研情况，将安贞街区辖区内的慢行空间分为人行道与非机动车道两类，现状人行道的主要问题包括部分路段人行道宽度不足、人行空间被侵占、无人行道、路面质量差等；现状非机动车道的主要问题包括道路宽度不足、非机动车道被侵占、非机动车道不连续和路面质量差等。

针对现状问题，依据交通通行需求、公众活动需要、沿街用地性质、业态特征和文化景观表达等要素，将街道功能重新划分为城市骨干型道路、街区风貌型道路、社区友好型道路，以提高慢行空间环境质量，以健全安全、舒适、连续的慢行网络为目标，构建城市慢行交通体系与社区内部游览慢行体系。

慢行系统整体规划的策略要点：

（1）连续畅通

依据《北京市慢行系统规划（2020—2035 年）》要求，保障慢行空间连续且宽度足够；市政道路机动车、非机动车、行人分行，车流量较小的社区内道路可适当采用"共享街道"模式。

（2）空间不足

规范现状人行道树池，修补破损道路。

（3）空间利用

打开封闭的街旁绿地，置入活动空间及休憩设施；鼓励商业街道建筑首层、退界空间与人行道统一；在现状宽度足够的人行道增设城市家具，形成交流空间。

城市骨干型道路是城市道路网的骨架，是连接城市各重要分区的交通干道，是城市内部的重要大动脉。以安贞街区内呈东西向轴线的北三环中路辅路为例，对其进行慢行系统更新。首先对非机动车道、人行步道进行梳理，确保道路连贯畅通，提升街区连通性，并以此将北三环中路各个类型的空间节点相互串联。同时，在设计过程中考虑出行的便利与交通安全设施的应用，置入完善的无障碍设施、休憩设施以及标识体系等配套设施，打造畅通、舒适、安全的北三环慢行绿道（图4-6、图4-7）。

图4-6 北三环中路潜力空间分布图

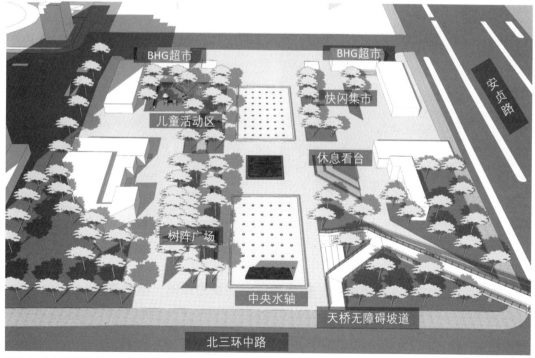

图4-7 安贞华联大厦前广场改造示意图

街区风貌型道路，是城市道路中的一种类型，在满足交通通行需求的基础上，能充分展现周边景观风貌，塑造活力开放、宜行宜赏的街道空间，带动区域用地开发，促进景区与城市协调发展，提升街区形象。街区风貌型道路改造以安华路为例，安华路现状交通混杂，非机动车道被障碍物阻挡，步道体系破碎，景观风貌较差。通过拆除占地栏杆，拓宽非机动车道；更新地面铺装，完善步道体系；优化植物配置，增添花灌木，提高道路整体景观风貌（图4-8、图4-9）。

社区友好型道路，能够更好地满足社区内弱势人群的日常出行，包括无障碍设施、休憩设施、信息化设施、服务设施等基础设施，能够切实增强社区居民的安全感与幸福感。以安贞社区公园西侧道路为例，原先道路没有机动车道划分，车行秩序混乱；人行步道中间设有电线杆等设施，同时未设置连续通行的盲道。在道路改造方面，首先在道路两侧划分非机动车道，提高秩序，保障车行安全；其次，针对步行人群，将电线杆线路埋入地下，同时增设盲道，为行人提供便利。最后，在道路旁增加座椅，为行人提供休息设施（图4-10、图4-11）。

图 4-8　安华路公园现状

图 4-9　改造意向

图 4-10　安贞社区公园西侧道路现状

图 4-11　更新意向

4.6.3 广场及绿地空间有机更新：整合零散空间织密绿网，提质增量

广场空间是指由建筑物围合或限定的城市公共活动空间，通过这个空间把周围各个独立的组成部分结合为整体，并具有一定的功能和主题，其类型由广场的性质决定。绿地空间是满足规定的日

照要求、适合安排游憩活动设施、供居民共享的游憩绿地。广场及绿地空间都是社区居民可自由进入且不受约束地进行社会交往活动的开放性公共场所，同时也是街道的节点和城市形象的展现点。

通过调研总结，安贞街区内的社区公园及城市公共活动空间的功能配置较为单一，绿化品质较好，但植物种类较为单一，缺乏特色，活力不足；现状街旁绿地大部分设有栅栏，行人无法进入，大部分街角空间缺乏精细化设计，同质化严重。以上这些现状问题导致广场及绿地空间的缺乏与失活。

通过空间合理布局、整合零散空间织密绿网，功能复合利用，改善街区广场及绿地空间不足的问题，满足宜静宜动的多样化活动需求，打造高品质的街区公共空间。依据不同功能，将街区内的公共空间分为广场空间与绿地空间两大类，根据街道内部实际情况，广场空间又可细分为商业、办公楼前广场空间与公共建筑广场空间两类，绿地空间可细分为综合型、休闲型、文化型三类。

广场及绿地空间整体规划的策略要点：

（1）景观提质

在现状基础上提高景观层次度与丰富度，注重景观体系的连贯性与多样性。

（2）增加互动

合理设置分区，增加配套设施，功能复合，形成人与场地良性互动；权衡现状条件与管理难度，适当打开绿化栅栏，增加绿化内步行路径。

（3）提炼特色

根据广场、绿地空间周边业态提取并抽象场地文化元素，结合安贞自身文化元素，创建场所感。

商业、办公楼前广场是指为商业大楼及办公楼前的硬质空间，相对于建筑室内空间而言的户外活动空间。商业、办公楼前广场的改造提升以外馆斜街的沿街商铺为例，商铺门前空间狭小，电线杆伫立在人行道中央，导致人车混行，十分危险。同时，商铺建筑立面景观较差。

改造从地面道路开始，首先将商铺前的空间向外拓宽，电缆埋入地下，去除道路中间的电线杆，合理划分人行道与非机动车道的宽度，使商铺前空间扩大，便于通行。其次对建筑立面进行改造提升，加入当地特色文化元素，还原历史风貌。改造提升后，在沿街商铺立面更加整洁美观的同时，也能为市民游客提供更多便利，进一步提升街道文明形象（图4-12、图4-13）。

图4-12　外馆斜街现状

图4-13　更新意向

公共建筑前广场，是指供人们进行各种公共活动的建筑附属广场，一般包括科教文卫建筑等公共建筑的前广场。

以安华西里的木偶剧院前广场为例，现状广场呈L形，人流量较大，以青少年为主。但广场现状缺乏体现艺术性的装置设施，对于活动人群也未进行空间分割，大部分场地都被机动车停车场占据。同时，进入木偶剧院前的长台阶并未设置无障碍坡道，对于老人、儿童和残疾人士十分不友好。

针对以上问题，对木偶剧院前广场进行更新提升。对场地进行合理分区，规范设置停车区域；为青少年设置游戏角，更新商业外摆，提升场地活力；在场地内通过放置木偶雕塑，更新地面铺装与立面，增加场地木偶元素；将剧院台阶更新为多功能台阶，通过台阶与坡道、座椅相结合，为老人、儿童以及残疾人士提供便利（图4-14）。

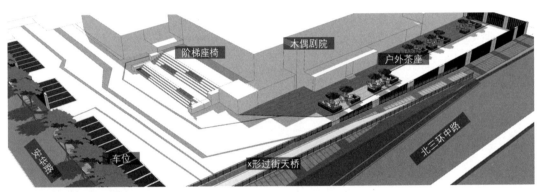

图4-14　木偶剧院前广场更新示意图

综合型绿地空间，是街区的重要组成部分，它不仅为街区提供大面积的绿地，而且具有丰富的户外游憩活动内容，适合各种年龄段的居民进行活动。

场地内综合型绿地空间的改造提升以安华路中轴绿带为例，其位于安华里社区中轴路，呈带状分布，长、宽分别约为580m、15m。公园现状以不连续的步行道路与绿植为主，缺少各类型的设施与合理的分区规划，公园现状人气较差。首先，营造可通过、可休憩的连续慢行步道，串联整个带状公园。其次，通过置入完善的活动设施与形象展示地标、标识体系等配套基础设施，优化场地功能分区，构建一个儿童友好、科普教育、康体休闲、文化展示的复合型空间，为周边居民提供一个适合各类型人群的公园绿地空间。同时，对现状植物进行疏伐、整理与栽植，通过合理的植物搭配，丰富植物季相，提升绿地空间的四季景观（图4-15）。

休闲型绿地空间，在街区空间中用地独立规模较小或者形式多样，可方便居民就近进入，以休闲娱乐为主，服务周边居民，具有一定游憩功能。此类绿地空间具有选址灵活、面积小、离散性分布的特点，它们能"见缝插针"地出现在城市中，这对于高楼云集的城市而言犹如沙漠中的

图 4-15　安华路绿轴改更新意向图

图 4-16　绿地空间现状

图 4-17　更新意向

绿洲，能够在很大程度上改变城市环境，同时可以解决高密度城市中心区居民对公园的需求。此类公共空间的服务范围是有限的，不要一味地追求大而全的公共空间，而是要建立小而美但却符合居民需要、具有可亲近性的公共空间，这也是提升城市品位、提高市民生活质量的重要举措。

以京藏高速辅路与建安西路交叉口的绿地空间为例，此地块面积不到 $20m^2$，现状只有破败的墙体、铺装以及老旧的阻车桩，是一块被遗忘的社区角落。综合考虑周边情况，将原有的墙柱拆除，新增特色景观挡墙，为市民提供一处高品质的街区休闲型公共绿地（图 4-16、图 4-17）。

文化型绿地空间，以开放性、现代性、艺术性等特点提升了城市的文化特色和文化品位，打造了独特的街区美感，为大众所青睐和追捧。以西黄寺博物馆前的公共空间改造为例，此地块位于黄寺大街一侧，现状是一条宽敞的人行步道，由于缺少文化型元素，与紧邻的西黄寺博物馆联系并

图 4-18　西黄寺博物馆前空间现状

图 4-19　更新意向

不紧密。通过增设特色标识系统、地砖文化雕刻和带有文化标识的座椅，向人们展现强烈的现代人文关怀和文化体验，彰显城市特色（图 4-18、图 4-19）。

4.6.4 街道其他空间的有机更新：消极空间环境改善与利用

首先，消极空间是城市公共空间的一部分，与居民生活息息相关，公共空间质量的好坏影响着市民的日常生活质量。但城市消极空间扮演着较为负面的角色，所以不被人们所重视。其次，消极空间是没有经过设计师或规划师设计的公共空间，因各种原因形成并散落在城市的各处，由于空间不好用、没有吸引力导致没有人去积极地使用；或者经过设计的空间并不能满足使用者的需求，久而久之就会被人们抛弃，消极空间与那些精心设计、极受欢迎的空间是相对而言的。消极空间由于自身环境的不佳或者较为冷清的使用状态，缺少日常的、人性的行为和活动，从而在一定程度上降低了其周围空间环境的积极性，它并没有发挥作为公共空间应有的作用。

通过实地调研，街道内的消极空间主要包括过街天桥、立交桥下空间与地铁站口空间三大类型。现状的主要问题包括空间利用粗放、步行空间局促、缺乏必要家具设施和空间品质偏低等。街道消极空间的更新，犹如人体的新陈代谢，如何进行自我调节，将对其良性运行与协调发展产生重要影响。

街道消极空间提升策略要点：

（1）复合利用

探索利用消极空间补充公共服务配套设施，配建停车空间、公厕等；有条件的地区，可引导桥下空间的复合利用，营造绿化景观，提供休憩休闲设施，提升空间利用率。

（2）提升活力

通过与周边空间的连通、联动，提升区域活力；消极空间的设计应结合安贞街道特色文化，提升街道的空间品质与文化形象。

人行天桥作为城市公共空间的重要组成部分，是保障行人安全跨越川流不息的车行道的一种重要设施，它有效地将行人步行交通与车辆行驶交通分离开来，在保障交通参与者中弱势群体安全的同时，很大程度上缓解了城市繁忙路段的交通压力，也对人们的出行效率有了本质的提升。除此之外，城市人行天桥在某种程度上代表着一个区域乃至一座城市的形象，桥体设计的美观与否也会影响其与整个城市空间体系的环境协调性。

以安定路人行天桥为例，现状桥体立面挂有形式不一的交通指示牌以及安全栅栏，立面空间杂乱；同时桥下公共空间绿带种植混乱，植物长势较差，导致整体景观风貌较差。通过整合桥体立面空间，将交通指示牌依据类型进行多牌合一并统一整体色调，避免牌匾混乱；对安全栅栏进行更换，使其沿桥体全面布置；利用花箱挂架安装布置，栽植四季花卉或常绿植物，提升人行天桥立面绿化。桥下公共空间宜采用耐阴树种，避免使用大乔木；采用多种绿植搭配，突出绿化带简洁、造景能力强的特点，简洁的线条和设计，更能展现各种植物的美感（图4-20、图4-21）。

立交桥下公共空间，是指城市立交桥桥面在下方垂直投影区域的空间，但不限于桥下与周边道路之间的公共空间，具有"灰空间"的性质。立体交通是一种改善城市交通的常用方式。以安华桥底部通行空间为例，以台阶向下通行缺少无障碍设施的方式对于残疾人士十分不便；外部护栏老旧，墙体形式单一，景观风貌质量较低；同时桥底通行空间缺少照明，在自然光线不足的情况下进出十分危险。针对以上现状问题，首先增设无障碍坡道，便于残疾人士通行，其次更换外部老旧护栏，利用涂鸦等彩绘方式丰富立面效果，提升整体景观质量；最后在桥底内部增加夜景照明，提高内部的安全性与装饰性（图4-22、图4-23）。

图4-20　安定路人行天桥场地现状

图4-21　更新意向

图4-22　安华桥底部空间现状

图4-23　更新意向

图 4-24 安华桥地铁站 D 口广场现状　　　　图 4-25 改造意向

以安华桥地铁站 D 口前地块为例，这是一个典型的地铁口广场空间。作为城市交通节点的地铁车站地面出入口广场，是公共空间的重要组成部分，通过对地铁口前广场的更新改造，能够积极改善城市的空间环境。改造前广场存在以下问题：①整体功能单一，绿化可观赏性较低；②大部分空间被随意摆放的非机动车侵占，地铁站外等候空间不足，导致高峰期人流拥堵；③场地内缺少休息设施与便利设施，与人的活动联系不紧密；④缺少无障碍设施，对残疾人士以及老年人的出行十分不便，可以算是一个城市低效空间。

针对以上提出的现状问题进行改造：①在广场增设早餐铺、报刊亭等便民服务设施；②增设休息座椅等公共设施，为行人提供休息便利；③增设景墙、更换铺装及镶边植被，提升广场景观；④补充无障碍设施，为残疾人士和老年人提供出行便利。通过更新改造更好地吸引行人，提升广场的功能性、便利性以及吸引力（图 4-24、图 4-25）。

街区对城市而言是非常重要的载体，积极、活跃的街区是人们生活交往空间的重要场所。然而在城市实践设计的层面，街区更新常常陷入"五花八门"的困境中，由于缺乏统一而又多样的设计指导，街区将产生因空间的失活而陷入"沉睡"的问题。而如今，通过积极探索街区公共空间，开展针对安贞街区有机更新指南的研究，这是城市精细化治理的一种手段和大胆尝试，也是城市街区"唤醒"的新方式。

5

历史与现代的碰撞融合
—— 文慧园路街道更新设计

5.1 小西天

　　小西天牌楼建于 1989 年，此地原为旷地，西北有庙，曰"小西天"。小西天原本是佛教寺庙的一个等级，佛家曾说："供奉佛祖为大西天，供奉如来佛为小西天"。因庙得名，周围之地也泛称"小西天"。牌楼横跨道路两侧，木质双柱，藏青色的牌匾上书写着"小西天"三个金色大字。据说因早年间香火旺盛的庙宇而得名，背面书写"太平盛世"四个金字。若说起小西天牌楼，但凡在北京住过的人都知道，它在明清时期可是个著名的地方，原为从前灵柩下葬前停留或举行祭祀活动的地方，也是传说中成道修仙的必经之地。这座榫卯结构的牌楼，距今不过 30 多年的光景，雕梁画栋、龙飞凤舞，堪称世代佳作。

　　小西天牌楼所处的地方，现在叫"文慧园路"，从"文慧"两字能嗅出些许文化气息（图 5-1）。"文慧园"是新中国成立后起的名字，原称"饮马槽"，因旧时有一具供马饮用的水槽而获称，新

图 5-1　小西天牌楼[1]

1　图片来源：北塔雪松 . 建设和谐北太 [EB/OL]. (2019-05-20) [2021-08-05]. https://www.jianshu.com/p/893ff5cac91d

中国成立后成为居民区，并将其北部的索家坟路改为文慧园路。文慧园的西北部是索家坟，为清代康熙时期重臣索额图及其家族坟地，其址在今文慧园路西端以东，自20世纪50年代后逐渐发展成为住宅区。再往北是铁狮子坟、北太平庄。德胜门外西北部这一带，曾经是清军正黄旗旗营所在地。军队驻守，天下太平，于是由此得名"太平营"，新中国成立之后名为"太平庄"。

这些地方之所以在明清和民国时期都是坟地，皆因紧邻积水潭，风水好，而成为"西天福地"。现今，庙宇和香火已不见踪影，小西天也没有了当初的幽魂魅影。随着北京的不断建设发展，这里成了繁华地段，人烟兴旺，倒也应和了"太平盛世"的愿景。

5.2 电影——时代印象

对于北京影迷而言，文慧园路3号是他们再熟悉不过的地名了，因为中国电影资料馆坐落于这里，它成立于1958年，是我国电影国际交流的重要平台。改革开放前，它是从不向公众开放的神秘档案机构。改革开放后，它才开始承担起向公众展映艺术影片、传播电影文化的功能，逐渐成为无数影迷心中的"观影圣地"。

"电影资料馆"这个称呼似乎更亲民，它的另一个官方身份是中国电影艺术研究中心（图5-2）。作为前者，它是文艺青年和北京影迷的电影圣地，老北京的安静平和与电影的魅力梦幻在这里交融。作为后者，则是电影学生的电影研究之路的起点。那时的电影资料馆前人来人往，在这里看电影，不问年龄，花甲古稀之年的老人和二三十岁的年轻人，都能因一部电影的某个镜头、某个演员而谈笑风生，甚至成为忘年之交。如此，电影资料馆成了电影人的天堂，它珍存了宝贵的电影历史资料，促进我国电影事业的繁荣发展以及国际电影文化的交流，打开了解世界的窗。

图5-2 中国电影资料馆历史照片[1]

随着中国电影近几年的高速发展和影迷文化的蓬勃兴起，中国电影资料馆的名头越来越响，在影迷群体中的影响力日益壮大。从略显神秘的学术象牙塔，到面向大众的观影乐园，四十多年来，中国电影资料馆一直承担着布道者的角色，将光影魅力传递给每一位观众，承载了几代人的电影记忆。

1　图片来源：中国电影资料馆（中国电影艺术研究中心 [EB/OL]. [2022-10-05]. https://www.cfa.org.cn/cfa/ljwm/gs/jgjs/jgjs/index.html.

5.3 生活气息

随着北京的不断建设发展，外来人口数量剧增，小西天越见繁华，建筑密度也越来越高，周围大多被住宅取代，路过这里的人群也多为沿线社区的居民。社区占地面积 4.5hm²，有今典花园社区、索家坟社区、志强园社区、文慧园社区等，但伴随着快速的城市化，周边居民生活聚集，互动的需求量日益剧增，但现状的公共空间不足以支撑，接踵而至的是拥挤不堪、繁杂紊乱的生活秩序。

但要说这里最大的问题，就是两侧的人行道太窄，经常出现侧身让人的现象，时不时地还会被树池阻隔。道路与两侧的住宅楼之间由矮花坛隔开，是非常典型的"20 世纪 90 年代设计手法"，这让本不富裕的人行空间更为拥挤。街里街坊的邻居若在街上碰见，也只能站着寒暄两句，连个像样的座椅都屈指可数（图 5-3）。作为文慧园最重要的一条街道，连基本的通行都不顺畅，所有人都是这条路上的过客，想留也留不下来。到了夜晚，更是很少人光临了。

周围的住宅楼大多建于 20 世纪八九十年代，楼层不高，但经历了三十多年的更新迭代，这些建筑"穿着"各式各样的"外衣"，设计语言极不统一，导致沿街风貌杂乱。社区间相对孤立，沿街的老旧车棚把社区的"年龄"展露无遗。这些社区的大门多数也都很简陋，缺乏家的感觉。

文慧园路作为小西天的门户大道，街道印象不清晰，特色风貌逐渐消失，周边现有局部硬质老化、

停车区域超标、配套设施功能匮乏、缺少慢行系统的串联等问题，已经严重影响到街道景观空间，导致人流使用导向以通过性为主，缺乏聚集性的活力，曾经的邻里氛围逐渐归于冷漠和平淡。

图 5-3　文慧园路街景

5.4 寻找突破口

文慧园路，一个历史与现代碰撞的地方，所有亟待解决的问题，关键就在于如何让多重的时代、多元的人群、多样的空间更好地交织相融，那么，就需要一个连接的纽带。

街道是反映城市面貌的最好载体，它们诉说着城市的过去，承接着城市的未来。道路景观作为一个线性载体，本身具有很强的延续性，若能起到连接作用，穿针引线，串联多个空间，打造一

条文化融合、多元共生的街道，勾画出这条路的前世今生，便能挖掘场地潜力，延续场所记忆，激发地区活力，包容多元人群。

从电影中，我们获得了灵感，可以把道路想象为一条胶片，让活动空间像一个个影像画面一样在道路上延伸放大，跟随人行体验而"放映"，把丰富的视觉感观融入街道中，让时代的记忆在各种生活场景、历史场景中重现。

5.5 循序更新

对文慧园路的设计，旨在让居民一路走来，都能感知到这是小西天、文慧园最重要的一条城市街道。人们对其重要性的感知也应该从路的开始一直延续到路的结束，甚至对沿路的各个重要节点都有深刻的印象。

连贯性对街道整体设计的表达十分重要。基于文慧园路的历史跨度之长，组成要素之多，设计需要将材料基调、图案肌理、街道家具、附属设施等设计贯穿始终，相互呼应，协调统一又合理变化。

宜居街道，关键在"人"，我们希望通过功能补给和尺度调节，充分表达尺度宜人、生态宜居的人文关怀，保障道路景观的首要原则，即"安全""通畅"。在此基础上，把握"重塑风貌""文脉延续""功能复合""生态宜居""智慧科技"的空间设计原则。

因此，我们设计了"一路、四段、多点"的街道骨架，随着道路的横向伸展，"当代""社区""电影""门户"四段逐渐展开，可以体验时代共进、空间共享、光影共映和历史共鸣，美丽北太、共享空间、太平之心、社区之角、自然花语、光影记忆、西天暮晓等重要节点设计，为不同年龄群体提供了一个多功能的街道活力空间（图5-4）。

图 5-4　整体更新效果图

5.5.1 重塑风貌——集约整合多重要素，展现城市街道风貌

1. 立面风貌

根据《北京城市色彩城市设计导则》中提取的北京传统风貌代表和现代风貌代表颜色作为色彩基调，对杂乱的沿街建筑统一进行立面更新，协调视觉上的观感。另外，将比较显眼的独栋商业建筑，如位于交叉路口等重要节点的建筑，采用格栅或镂空金属板作外表皮进行建筑立面更新，统一门店门牌的材料和颜色，充分发挥美术、艺术的重要作用。

现状的围墙也是改造的重点，经过多种方案的比对筛选，最终决定尊重现状墙体材料，采用镂空手法，提炼太平花原型，利用星星点点的孔洞元素进行镂刻，打造具有太平特色的围墙。虚实结合的设计手法，一改围墙沉闷、过时的现状，结合灯光设计，摇曳的太平花光影打在地砖上，与行人的步伐产生互动，这夜晚的景象更是浪漫、温馨（图 5-5 ～图 5-7）。另外，公交站牌、沿街车棚、座椅条凳，都是在单体镂空围墙的基础上变形而成。

形象主体段围墙

北太之心段围墙

小西天段围墙

图 5-5　围墙标准段设计

图 5-6　围墙更新前

图 5-7　围墙更新后

整合更新街道设施也是必不可少的工作。调查发现，场地路侧有很多重复性设置的交通牌，还有多种多样的导视牌，不仅影响美观，还具有迷惑性。于是，进行"多杆合一""多牌合一"的整理，将同类的交通指示牌和道路导向牌归纳整合，并设计出文慧园路专属的标识系统，让立面导视更加美观、简洁、易懂。

2. 底界面

首先，梳理底界面，协调人、车、路的关系，保障交通有序运行。将原本狭窄的人行道宽度拓至 3 ~ 4.5m，保障通行功能，为行人提供宽敞、安全、舒适的步行空间。同时将原有的矮墙式花池改为下凹式海绵绿地，形成空间延伸感，提升了行人的视觉体验，拉近了行人与绿地的距离，街道亲切宜人的氛围逐渐形成（图5-8）。

另外，设计可踩踏的护树板可进一步增加步行面积，减少行道树树池对人行空间的占用和干扰程度。

在道路北侧划出非机动车道，拆除南侧围栏，解除立面空间限制，改为红色橡胶区分交通属性，营造开阔的交通氛围。原有行道树向南退为道路分隔带，营造更舒适便捷的交通空间，机动车与非机动车分行，形成连续、通畅的绿色骑行系统。

其次，铺装可以是一条街道最出众的细节，但也很容易被忽略。有细节的铺装可以让偶然注意到的行人产生瞬间的好感和印象。根据设计定位，选用大块的仿石花岗石作为铺装的基调材料，体现出庄重大气的风格，盲道也选用仿石砖，且颜色均为芝麻灰（图5-9）。

图5-8　文慧园路更新后效果图

120mm×300mm×495mm
(a)灰色混凝土路缘石

600mm×900mm×30mm
(b)火烧面芝麻灰透水铺装

300mmX300mmX25mm
(c)芝麻灰仿石盲道砖

图5-9 铺装材料

铺装大样共设计了两种：一种是以通行为主的路段采用的通铺大样，局部插入"距离提醒""文字印刻"的文化砖，与行人产生互动。如果你热爱跑步，那么你可以根据地砖的温馨提示调节运动里程；如果你心情低落，可能这一句"莫思身外无穷事，且尽生前有限杯"的诗会让你重拾信心；另一种是在活动空间的前后采用的拼花大样，用白、灰两种颜色的仿石花岗岩拼贴出电影胶片转译的回字格纹，引导行人进入活动空间进行停留和互动。充满细节的铺装设计，让人在有限的空间里，慢下脚步，思索，观察，与场地产生心灵互动。

纵观一路，街道风格统一庄重，风貌整洁大气，城市大街的形象由此凸显。

5.5.2 文脉延续——传承历史文化，融合时代特色

文慧园路街道历史悠久，有着丰富的文化资源，一方面，处于三山五园历史人文风貌区和中心城区创新核心风貌区之间，周围有国家奥林匹克体育中心区以及历史文化遗址等，代表着北京市的城市风貌；另一方面，身处北京市中心城区重点建设区域，势必要遵循现代化方向发展。

我们不禁思索，如何将这些历史文脉和场所记忆重现，如何让来到这里的人能够读懂它的经历，又如何能与现代元素和时代精神产生碰撞、互动、交汇，展现"繁华不减，太平依旧"的地域特色。

通过挖掘街道的历史本底、文化基因，提炼电影、榫卯、太平花、小西天、和平鸽等重要的文化元素为设计原型，并对这些要素进行抽象化、简约化、艺术化凝练，形成具有街道特色的设计语汇。依托街道物质空间环境，结合具体的设施，形成不同的特色街道设施，如榫卯景观柱、镂空围墙的太平花印刻、文慧园路特色护树板、电箱及电线杆外表皮装饰、LED 光源座椅、交互景观构筑以及 AI 草坪灯等（图5-10）。

这些城市家具与设施，在发挥实用性的同时兼备镌刻、浮雕、光影、美工等艺术展示作用，以美为媒，在提供观赏效果的同时塑造街道文化印象，最重要的是，希望通过这样的物质载体传递时光，让历史可以被触摸，让文化氛围在街道慢慢浓郁。

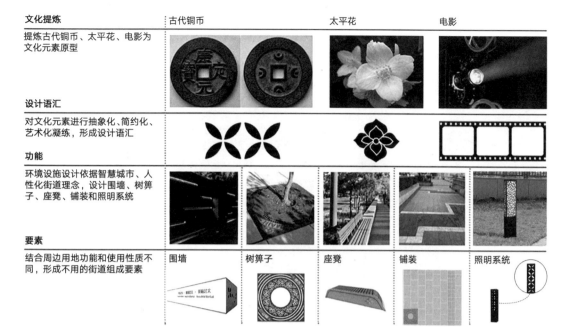

图 5-10　文化要素

5.5.3 功能复合——形成多元共生的空间界面，促进周边社区邻里交往

通过慢行体系的构建和街道家具的设置，为市民提供开放、舒适、易达的空间环境体验，当行人的脚步慢下来，人景互动才能得以产生。这时，通过打造一连串的口袋公园，增加各类型开放活动空间，就可以高效地促进邻里交往，激发社区活力。

由于文慧园路街道空间极为有限，因此主要通过扩展十字路口附属空间、建筑前广场，打通封闭式绿地为步入式绿地，改造原有种植池的方式等塑造街旁公共空间，为市民提供休憩、交流的落脚点，塑造活力温馨的场所记忆。

"美丽北太"位于街道西端，作为重要出入口，是树立门户形象的重要节点，主要对路口开放绿地以及道路南侧底商前广场进行了设计改造。原有的立体花坛，是街道范围内面积较大的一块封闭式绿地，通过现场踏勘，发现东侧有人为开辟的一个小出入口，沿着入口进去，景象别有洞天，地面也自发地被踩出了几条小径，颇成体系，看来这里是大家公认的散步场地，但却因为栏杆的围挡埋没了其景观价值。于是，该地块被改造为开放的绿色空间，在入口设计智能交互的景观构筑，形成具有现代化、科技感的标志性口袋公园。这一步入式绿地的改造，可为街道周边的人群提供一个交流互动、欣赏休憩的驻足地，充分展示了开放与包容的街道形象，是街道景观的重要开端（图 5-11、图 5-12）。

对于十字路口的活动场地，如"太平之心"，结合步入式绿地、植物景观、雕塑、社区文化展览墙的设计，还有点缀其中的城市家具，为人们提供了一个包容、聚集和交流的社交空间。另外，在街角这类重要的位置扩展活动空间，既可以满足周边社区的日常活动与休息需求，又是实现街道纵向设计延伸的重要纽带（图 5-13）。

图 5-11 "美丽北太"更新前

图 5-12 "美丽北太"更新后

图 5-13 "太平之心"鸟瞰图

图 5-14 "自然花语"更新前

图 5-15 "自然花语"更新后

　　志强北园对面的商铺前广场,以"自然花语"为主题,是改造后变化最大的地方。改造前的建筑立面是光秃秃的黄色外漆,门前一大片广场都无人问津。但由于其紧邻社区的优越位置和不小的面积,我们看到了它蜕变的潜质。通过采用微地形的设计,在分隔通行空间和活动空间的同时,也保障了景观的开放性和渗透性。结合植物景观设置休息平台,多色的 EPDM 橡胶在地面拼贴出花瓣的图案,利用穿孔板设计带有镂空图案的矮墙,为孩子们提供了一处活动场地。通过多种功能的植入,广场的趣味性得到充分提升,社区居民也有了一块充满欢声笑语的乐土(图 5-14、图 5-15)。

5.5.4 生态宜居——突出景观生态效益，创造舒适宜人的空间

首先，我们将道路两侧的绿地全部采用平道牙形式，一改封闭单调、配置呆板的种植池模式，营建开放式的、具有设计观赏性的海绵绿地空间，为行人提供零距离的景观体验，提升街道绿化品质。

其次，将原有零散的、不成体系的空间通过海绵绿地、步入式绿地的植入进行串联、缝合，整合成流动的、动态的慢行绿道体系。

另外，现状植物种类单一，种植方式也很保守，多采用条带状片植，颜色也以绿色为主，虽绿量充足，但缺乏色叶品种，季相效果不突出，景观效果欠佳。因此，在道路两侧绿地分段设计了"春花""常绿""秋实"的植物景观主题，引入碧桃、樱花、连翘、鸢尾、万寿菊、秋海棠、风华月季等色叶和开花类植物，分层搭配和种植，丰富植被层次，提升季相变化，让街道四季有景，使行人可以边走边欣赏具有设计感的植物群落，打造街边的"微花园"（图5-16、图5-17）。

图 5-16　街道更新前

图 5-17　街道更新后

街道范围内的绿地设计在兼顾景观需求的同时也注重生态效益，以汇水绿地为主，主要分布在围墙外侧和各口袋公园中，与市政排水共同承担道路的雨水汇流功能，结合绿地进行雨水综合利用，提高对雨水径流的渗透、调蓄、净化、利用，增强排放能力，实现街道、城市的良性水循环，提升生态品质，永续发展。

5.5.5 智慧科技——智能便捷的城市家具，科技唤醒场所记忆

整合街道设施并进行智能改造，将智慧系统与城市家具相结合，通过智慧信息栏、充电座椅，提供智行协助、实时监控、停车指引、安全提醒、临时充电等人性化的智慧服务，保障市民出行便利。全线设置 AI 智能灯具，可通过人流量大小自动调节光照模式，节约能源。节假日期间，利用城市事件等活动，打造假日专属的氛围灯光，营造温馨的节日氛围，让行人感觉宾至如归，提升街道好感度，激活夜间场地活力（图 5-18）。

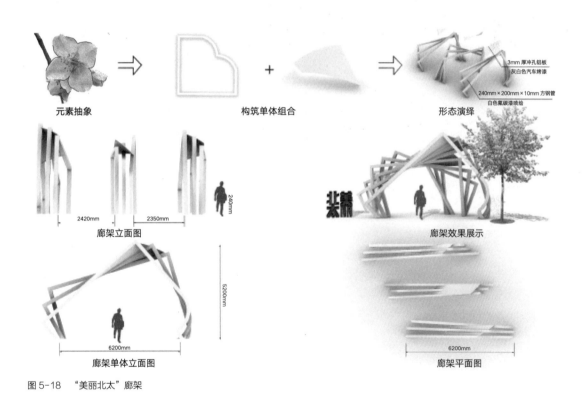

图 5-18　"美丽北太"廊架

就"美丽北太"廊架来说，通过设计以太平花花瓣单体为原型的交互景观构筑物，代替现有的临时性形象展示花架。构筑物中设置互动装置，会在人走过时发光，光的颜色根据人的位置而改变，在其间行走可以体验丰富的空间、灯光的变化。为市民展示新时代的科技风貌，实现景观互动和精神文化宣传。

曾经的中国电影资料馆期望在未来能给到访者一个更加真实、生动的体验。而新时代的发展背景下，借助发达的科技手段，在资料馆前，设置全息成像装置，再现经典电影场景，实现访客互动，将多媒体展示、全息影迷互动的期望落地，唤醒时代的记忆。同时结合二维码投影，以中国电影发展史为主题，呈现历史发展脉络，提供信息科普、教育展示的内容（图5-19）。

好的空间能向人们诉说它的故事。我们希望，通过文慧园路街道微更新，能够尊重街道的历史，唤醒人们的记忆，融入当代的科技。一路展望，可以看到历史和当代的叠影，社区文化在这里点燃，历史在这里重生，未来在这里萌芽。

图 5-19　中国电影资料馆夜景效果图

6

公共参与为导向的社区更新
—— 学院南路 32 号院社区
公共空间改造

6.1 印象初探

学院南路 32 号院地处北京市海淀区北太平庄街道，被学院南路、西土城路辅路、文慧园北路围合，社区始建于 20 世纪 50 年代末至 80 年代初，因通信地址得名，呈东西宽、南北窄的不规则形状。社区靠近北京邮电大学南门，周边有多个高校及教育机构，文化氛围浓厚；社区内现有楼房 27 栋、楼门 80 个、平房 10 片，包含超市、餐馆、药店等多种配套设施，楼龄组成与居住类型复杂。

目前社区常住居民 2300 多户，人口总数 6900 多人，其中 60 岁以上老年人 1600 多人，约占总人口的 23%。居民大多数为住总集团、首钢一线材厂、华北电力大学、北京建工集团第四建筑工程公司、长城无线电厂等单位的干部职工、家属以及离退休干部，人群具有文化水平高、老龄化严重、流动人口多等特点。

社区于 1982 年成立居委会，2013 年居委会下设 17 个居民小组，有居民代表 40 名。社区内设总支书记 1 人，委员 6 人，下设 8 个党支部。居委会还设有社区专职工作者、劳动协管员、残疾协管员等，管理分工明确。此外，社区还设有治安巡逻队、志愿者服务队等群众性组织以及社区老年秧歌队、社区健身操队等文艺团队。

6.2 精准把脉

自 2019 年 3 月，团队针对学院南路 32 号院进行不定期的社区摸底，从多个方面深入挖掘场地现状矛盾。作为典型的混合型老旧社区，学院南路 32 号院有多种问题与矛盾纠纷并存，其中包括道路、停车、绿地空间的不足与质量的低下，整体社区基础设施有待提升。下文将根据景观空间界面对社区存在问题进行归类汇总，依次分为底界面空间、立面空间和节点空间。

6.2.1 底界面空间

社区内现有东西向和南北向两条主要车行道贯穿场地，其他车行道根据场地内停车场分布相互串联。场地内没有明显的人行道，人行动线较为混乱；同时，由于停车空间不足，加上居民素质有待提升，社区中乱停车的现象随处可见，其中一些街道被大量的机动车所占据，在上下班高峰时段，形成严重拥堵，影响到社区居民的正常出行；另外，社区内还存在多处私自侵占公共空间的行为，整体的社区风貌和环境品质都有待提升（图6-1~图6-3）。

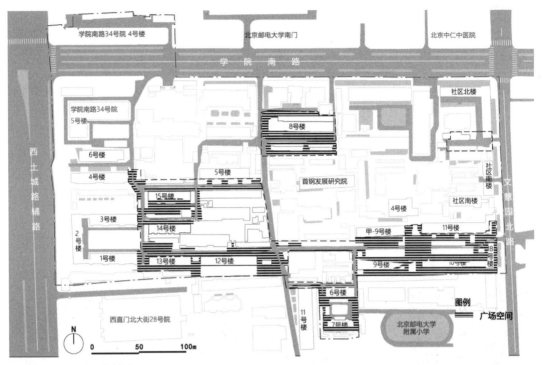

图6-1 社区公共空间改造范围

图6-2 人车混行

图6-3 停车位不足

6.2.2 立面空间

社区内部的几条主要街道具有一定的特色，比如 12 号楼北侧的商业街，有药店和餐馆，是社区内人流量较大的一条街道，但目前建筑立面风貌显得单调老旧，商铺、住宅等不同功能的建筑色彩杂乱、风格不一，尚未形成特色鲜明的社区归属氛围；一些居民在自家楼前屋后自主搭建花园、

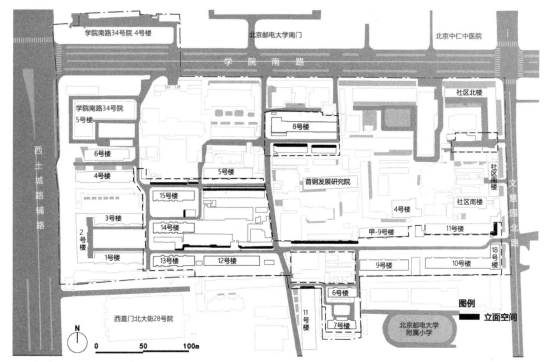

图6-4 改造立面空间分布

图6-5 建筑风貌不统一

图6-6 私搭乱建

棚架、晾衣竿，侵占了公共空间，不仅造成消防、卫生等多项安全隐患，同时也减弱了邻里之间的相互交流（图6-4~图6-6）。

6.2.3 节点空间

社区内现有三处户外活动广场，分别位于9、10、11号楼之间，6、7号楼之间及15号楼南侧，广场皆被私人杂物占据，绿地和公共空间面积较少；原有休闲设施普遍功能单一外观老旧，仅有的户外桌椅也因长期暴露于阳光之下缺少遮阴而很少使用，由于风吹雨淋而逐渐老化；公共

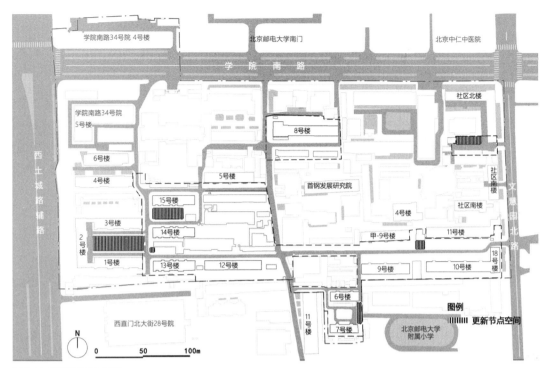

图 6-7　更新节点空间位置

图 6-8　活动空间不足

空间中缺乏位置合理、能够被全年龄段居民使用的健身设施、增强社区文化认同感的文化设施、承接老年人户外运动的活动场地等，以上特征均难以满足社区居民日常休闲活动的需求（图6-7、图6-8）。

6.3 多方参与

学院南路32号院社区的更新工作离不开各方力量的参与，其中责任规划师制度相当于胶粘剂，整合各方的力量。通过街道、社区居委会、责任规划师、高校合伙人四方协作，通力配合，团队深入了解社区需要解决的户外空间问题，运用专业知识来帮助社区找到最优解；通过组织多场公众参与活动和居民面对面，直接了解居民诉求，听取居民对社区花园建设的意见。令人欣慰的是，目前高校合伙人做的这些参与活动，都得到了居民的热烈欢迎和支持，有了群众的力量，社区花园的推广也变得容易起来（图6-9）。

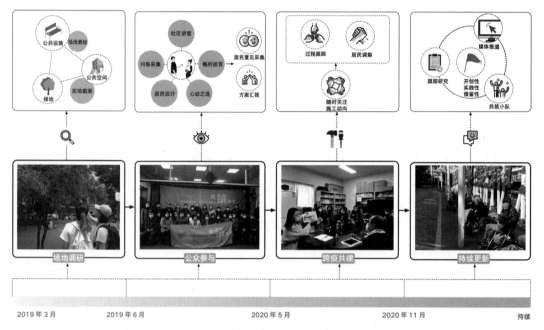

图6-9 公众参与流程

6.3.1 提出"共筑北太"公众参与活动理念

在走进社区面向公众开展一系列活动之前，高校合伙人结合"1+1+N"的街镇责任规划师人员框架，将公共参与活动主题定为"共筑北太"。"筑"有很多谐音，住房、互助、筑建……可以联想到很多东西，它代表汇聚大家的力量互相帮助、共同建设。因此，我们提取了"筑"的三层含义，"助"——互助、帮助、助力，是希望活动的多方互帮互助，共同协调；"筑"——筑造、筑梦、构筑，是希望这个小地块可以实现大家的美好愿望，共同筑造美好家园；"住"——居住、住区、主人，是希望场地升级可以真正服务社区，让居民有自己当家做主的感觉。

在第一次公众咨询会上，高校合伙人向居民传达了"共筑北太"这个主题，希望通过这个主题，表达对北太平庄街区绿地改造的初衷——做老百姓自己的共享空间。该主题得到了居民一致认同，通过确立这样的共识，也进一步激发了居民参与社区规划设计的热情，为后期的公共参与拉开了良好的序幕。

6.3.2 开设社区知识讲堂

为了让居民更好地参与到社区建设中，团队分阶段地对居民进行了社区培育。第一次，"社区公共空间"科普讲堂为居民进行了社区景观知识普及，讲解什么是规划、什么是社区更新、什么是公共空间等；第二次，"社区植物"小讲堂向居民科普了社区常见植物的相关知识，包括但不限于植物种类、不同植物的特征以及养护方法，告诉居民应当如何去选择种植在社区的植物。希望能从空间、植物、材料等多个方面，为社区居民打开视野，深化居民的社区建设理念，培养居民进行社区微更新的自主提案能力，为后期的社区共同营造奠定基础，致力于实现长久可持续的社区发展。

在知识讲堂上，可以感受到居民们对社区空间、社区植物浓厚的兴趣，同时也听见了对空间使用、植物种植的不同声音："以后咱家这块地儿要是能这样，可真好！""我们缺少门前晾衣服的地儿。""我就喜欢红色的花！""那块地儿种不了果树。""得多来点儿遮阴的树啊。"我们总是期望能够更多听到居民不同的声音，居民的声音展现出他们对于"共筑北太"系列改造活动打心底的欢喜，也给予社区公共空间更新团队很大的鼓励（图6-10）。

图6-10 社区知识讲堂

6.3.3 邀请居民共同设计

团队们组织开展了调查问卷的分发采集、意向图片的心动之选、居民现场分组讨论、自主拼贴设计等互动环节，从而更加充分和直接地了解居民的诉求和想法，接着向居民展示了三种不同的场地更新方案，居民纷纷针对不同方案与设计团队进行交流互动，提出了很多具有实践意义的意见，也让设计团队了解到更多场地中的细节问题。

首先，通过调查问卷了解居民的基本需求，从专业角度给出方案，然后让居民进行讨论并提出建议。在讨论的过程中，汇集了居民对于社区空间改造的不同意见，"要多点座椅！""最好有遮阴的地方多点儿！""要有地方能跳广场舞就好了！""我们要在这块地儿组织很多活动。"……，团队对居民提出的每一条意见进行整理归纳和深化落实，比如居民提出想要舞台、沙坑等设施，就针对这些设施去进行落位，这是一个反复协调的过程；其次，通过设计一些选择题，了解居民具体想要什么样的设施，通过自主拼搭选出居民最喜欢的内容与形式；让居民描述他们喜欢的功能和空间样式，团队再根据这些想法进行总结提炼，并将其体现在设计当中，最后优化更新设计方案（图 6-11）。

三个月后，团队再次来到学院南路 32 号院，向居民们展示和讲解优化后的更新方案，这一次，方案获得了居民的一致好评。在"心动之选"环节中，通过居民对场地内植物的投票数，选出了最受欢迎的植物种类和设施类型，为后续项目更新落地、改造成居民喜爱的社区奠定了群众基础（图6-12）。

图 6-11 "自主拼贴"环节 & "心动之选"环节

图 6-12　过程跟踪

6.4 对症开方

按照前期现状踏勘时所发现的现状问题，结合公共参与时所收集的居民意见和建议，团队将踏勘结果与居民诉求进行叠加分析，综合梳理社区中的疑难杂症，分析其成因和解决方法，最后按照底界面空间、立面空间和细部设计的分类对学院南路 32 号院社区的问题进行对症开方。

6.4.1 底界面空间

1. 人车分流

学院南路 32 号院社区中老年人较多，所以应首先考虑居民的安全和便利。通过对社区内现有的交通流线进行梳理，在保证机动车正常通行的条件下，在车行道两侧设置 1.2~1.5m 宽的人行道，区分人流和车流，使社区内行人和车辆通行路线互不干扰，增加居民在社区中的舒适度和安全性。

2. 规划车位

众所周知，"停车难""停车乱"等问题是北京大部分社区普遍存在的通病，同样也是团队致力于解决的关键问题。针对社区中每条街巷的不同功能定位，结合社区内的公共绿地、缺乏有效利用的闲置空间，团队对路边的停车位进行精细化管理，选择合适的位置，合理划定、增添停车位，缓解社区内的停车压力。

3. 区分场地

依据北京市规划和自然资源委员会发布的《北京城市色彩城市设计导则》，从中提取了几种北京传统风貌和现代风貌的代表颜色，作为学院南路 32 号院社区的色彩基调，结合色彩明度和对比度，利用不同颜色的材料来区分场地类型。由于社区里老人和孩子较多，他们希望采用更加细腻的铺装材料，如生态植草砖作为停车场铺装材料，彩色 EPDM 橡胶和灰色透水砖作为广场铺装材料等（图 6-13）。

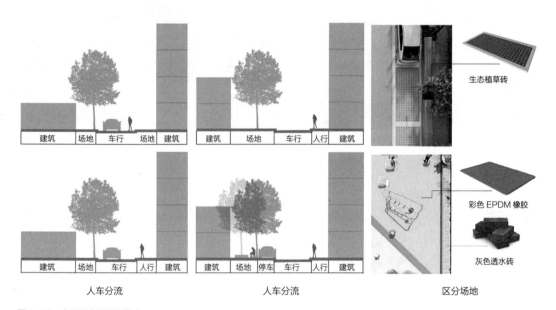

图 6-13　底界面空间更新策略

6.4.2 立面空间

1. 色彩区分

首先根据功能性质，将社区更新范围内的建筑分为住宅建筑（90%）和商业建筑（10%）两种类型，依据北京市规划和自然资源委员会发布的《北京城市色彩城市设计导则》，结合两大类建筑的功能特质，选取青色、灰色和木色作为住宅建筑的主要色彩基调，红色、青色、彩色和木色作为商业建筑的主要色彩基调。

2. 材料选取

针对目前风貌杂乱的建筑立面，从学院南路 32 号院社区的主要色彩基调中进一步筛选出灰色和红色，对住宅建筑和商业建筑的墙面进行统一，对社区中的这两大类建筑进行区分。挂在建筑外墙上的空调机箱，由于其数量多、所占面积较大，机箱的外围保护罩是最引人注目的地方，经过商讨，决定选用经济耐久、外观简洁的银色金属钢板格栅材料对其进行更新。

6.4.3 细部设计

对于社区中的细部设计如城市家具的设置，团队着重考虑社区居民的需求和意愿，为学院南路32号院社区量身定制了一套更新方案（表6-1）。以座椅为例，老年人需要高度合理、使用舒适、长时间位于阳光下的座椅，故统一采用竹木座椅进行更新；种植池采用石材贴面结合座椅，增加社区内居民聊天和户外休息的空间；种植箱采用耐候钢板结合学院南路32号院的特色LOGO，增加绿色植物的同时也增强了社区的认同感和凝聚力（图6-14）；同时，团队对社区内的健身器材、垃圾分类箱进行了增补和统一更新替换。

团队全面关注居民的日常生活环境，为学院南路32号院植入康体生活设施，增设公共健康设施，结合专属社区文化打造功能融合、内外联动的健康宜居社区。

更新对象与细节控制 表6-1

对象	材料	色彩
种植箱	耐候钢板	橙色
铺装	EPDM橡胶	灰色+彩条
	透水砖	灰色
种植池	生态植草砖	绿色
	石材贴面加座椅	灰色、自然色
廊架（含车棚）	钢、膜结构	白色
座椅	竹木	自然色
空调机箱	钢板	银色
建筑墙体	仿石漆涂料	乳白色、灰色
健身器材	成套健身器材	—
垃圾分类箱	成套可回收垃圾分类箱	—

图6-14 细部设计

6.5 针灸式更新

在对整个社区进行统一的风貌与材料更新后，还有一个重要的问题需要解决，那就是社区公共空间不足，难以满足社区居民日常户外活动的需求。为此，团队针对社区中每个户外活动场地，结合其所处的位置，通过一定的更新设计，进行各类功能提升，使得改造后的空间能够满足社区不同人群的户外需求。

6.5.1 入口空间——识别功能，增加居民归属感的空间

学院南路 32 号院社区由文慧园西路从中穿过，被划分为东、西两个区域。经过前期的踏勘发现，两个区域的社区入口在改造前都十分不明显，许多初来到访的人员，很难找到社区大门。针对这个问题，为了增加社区入口的可识别性，团队对两个区域的入口空间，分别进行了相应的改造。

东区入口，是社区居民日常进出频率较高的大门，远远望去，入口大门为老旧的简单式铁门，多年来，由于缺乏修缮，景观风貌欠佳。入口的旁边是一个较大的垃圾站，由于经常有垃圾清运，把与大门相连接的围墙弄得很脏，影响社区入口的美观性。走近入口，可以看到仅有一个小小的门卫亭供小区保安休息，而门卫亭的位置与大门有大约 5m 的距离，不利于保安的日常管理。此外，在人流疏导方面，由于入口横向宽度有限，行人和机动车目前共用一个入口空间，存在一定的安全隐患。

设计通过两个方面进行大门的整治提升。首先，重新疏导人车空间，进行人车分流：将岗亭设置在机动车道与人行道之间，通过增设顶棚空间，限定出行人区域，加强二者的区分；其次，提取学院南路 32 号院的社区特色，增加入口的可识别性：通过改造与垃圾站相接的墙体，将其进行重新粉刷，并增加橙色的艺术钢板格栅，上面镂空雕刻了"学院南路 32 号院"的名称与社区LOGO"家"，结合一定的灯光设计，让入口在白天与夜晚，都能够很好识别。

西区入口，位于社区中心位置，目前入口处摆放了一组垃圾分类箱和一个社区信箱，墙面只进行了简单的粉刷，显得略微单调乏味。由于这个入口空间有限，无法做大门改造。团队结合现有的建筑山墙，进行墙体艺术设计，利用丰富的颜色变化，将"学院南路 32 号院"的名称与社区LOGO"家"结合成一幅优美的壁画，呈现在山墙上，并配合种植箱，箱内种植了通过居民票选、精心设计的植物群落，通过硬质、软质材料的结合，修饰入口立面空间，增加小区入口的识别性（图 6-15~ 图 6-17）。

6.5.2 轴线更新——形象与风貌展示功能

基于对学院南路 32 号院社区整体建筑功能分布的了解，社区内共有两条道路使用频率最高：东西向车行道贯穿整个社区，连接了两个社区入口、社区宣传墙和社区服务站，承担着多种社区功

改造前　　　　　　　　　　　　　改造后

图 6-15　东区入口改造前后对比（社区外角度）

改造前　　　　　　　　　　　　　改造后

图 6-16　东区入口改造前后对比（社区内角度）

改造前　　　　　　　　　　　　　改造后

图 6-17　西区入口改造前后对比

　　能，是体现社区整体形象与风貌、兼具多种功能的一条道路；8 号楼至 14、15 号楼沿线均为居民楼，是大部分居民每天都要行走经过的一条道路。故将两条道路分别定位为："一轴"——社区形象轴；"一带"——休闲生活带（图 6-18）。

　　社区形象轴，是贯穿整个学院南路 32 号院社区的东西向横轴，总长度约为 480m，连接了东、西两个社区入口、社区服务站、社区宣传墙和多个商铺，现状条件复杂。走在路上，可以看见红色、灰色、蓝色、黄色等各式各样的建筑立面，沿街零散分布着一些健身设施，大部分都已生锈老化，

图6-18　"一轴·一带"更新规划结构

户外座椅缺乏修缮，摆放的位置无法遮阴，使用的居民寥寥无几；一些机动车和自行车随意停放在车行道和居民楼前，风貌十分杂乱。

团队对社区形象轴进行分段更新设计。甲-9号楼、9号楼、10号楼、11号楼之间，保留现状健身场地，对健身设施进行更新，美化墙面铺装，结合墙体设置花池、攀藤架和座椅，为居民提供休憩、健身的场地，保留原有的45个机动车停车位，新增32个自行车停车位。社区宣传墙前，保留西侧的健身场地，更新健身设施，对墙体进行立面绿化，对停车位的位置和数量进行微调，新增9个停车位。12号楼和13号楼前，划分出人行道和车行道，在东侧（西区入口处）设计墙面立体绿化，增设垃圾分类箱，对西侧廊架边的树池进行更新设计，采用树池结合座椅的形式增加户外休闲空间，并新增10个停车位（图6-19~图6-22）。

休闲生活带，是连接8号楼、5号楼、15号楼和14号楼的主要道路，总长度约为340m。沿路均为居民楼，建筑年代不等，有一、二层的老旧平房，也有四层的新盖楼房。15号楼北侧均为早年建造的一层平房，房前存在居民搭建的藤架、私自摆放的家具等，影响了街道的整洁性。5号楼南侧，道路两边均存在严重的违建，占用了大部分人行空间。8号楼南侧，空调机箱和盆栽、居民个人的生活用品随意散落在地上，街道风貌十分不美观。

团队同样对休闲生活带进行分段更新设计，15号楼北侧段统一使用青灰色立面涂料，采用统一的种植池进行墙面绿化，并统一空调外挂机箱。5号楼南侧段，首先对违建进行清理，腾退出的场地作为人行空间，增加居民步行的舒适度和安全度，新增11个停车位。8号楼段，划分人行、车行空间，新增26个机动车停车位和3处自行车停车区（图6-23~图6-27）。

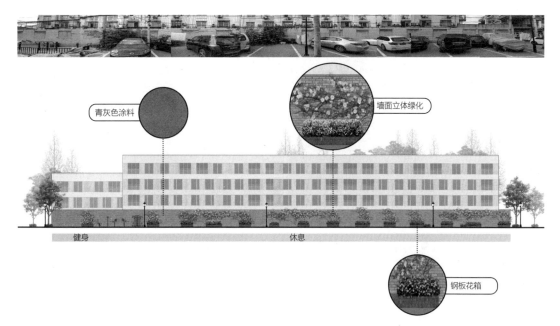

图 6-19　立面改造一

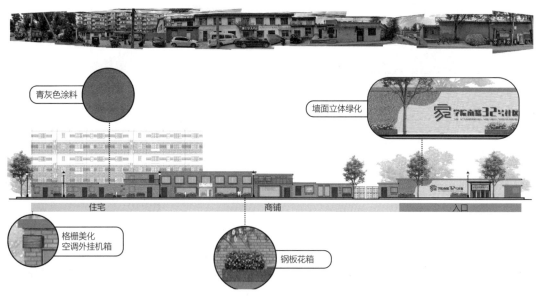

图 6-20　立面改造二

图 6-21　轴线社区服务站改造前后对比

改造前 改造后

图 6-22 轴线车棚改造前后对比

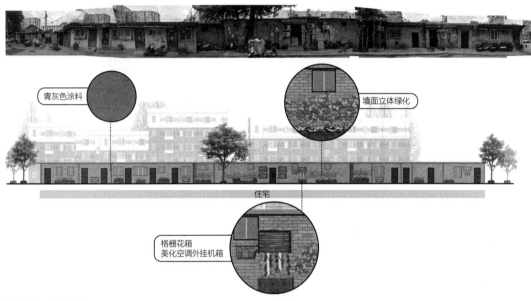

图 6-23 立面改造三

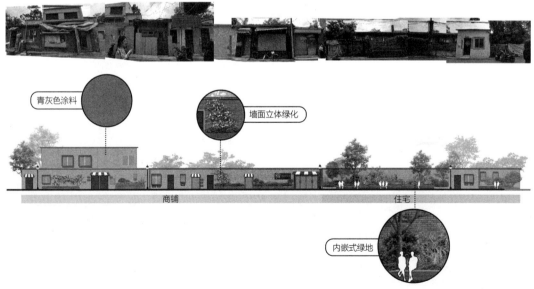

图 6-24 立面改造四

图 6-25 "一带"平房立面改造前后对比

图 6-26 "一带"建筑立面改造前后对比

图 6-27 "一带"拆违恢复公共空间

6.5.3 议事广场

　　在 1-2-3 号居民楼之间，有一块近 1200m² 的闲置地块，场地被混凝土矮墙围合，铺装简陋，这块场地的原始条件单一，是一个空旷的铺装广场，缺少休息空间，在其他社区抢手的棋桌，在这里也因尺度不适宜被闲置。广场周边的植被杂乱且长势欠佳，外侧停车较多，一定程度上阻碍了居民进入广场，同时也影响了绿地的整体景观效果。

　　方案将场地定位为社区活动议事广场，以悦动的音符为灵感，通过将公共参与所征求的居民意见和想法融入设计中，把现有广场改造为供居民休闲聊天、舞蹈、下棋、散步等休闲文娱活动的活力广场。整个设计保留较大的集会活动空间，满足居民举办各项活动的需求；增加场地遮阴面积，提供多处休息座椅；保留原有树种，维持场地记忆；将停车场、广场用廊架和植物进行分隔，既保证了视线通达，同时又具有景观效益。

设计后的广场满足了社区议事、举办活动、居民沟通、儿童健身、老人下棋等不同需求。设计通过廊架、曲线绿地进行空间围合，提升空间美感，结合居民需求，设置舞台、座椅、棋桌等设施。为了增强场地的安全性，选择 EPDM 透水铺装，并补充夜景灯光。团队通过植物更新设计、休憩设施升级、停车空间生态化等方式营造出丰富的活动空间，为社区居民提供了更优质的生活空间。铺装和材质也经过精心的挑选，为社区空间添加了富有活力的线条和色彩。项目的更新落地，将日常社区空间打造成居民喜爱的公共活动空间，同时作为试点项目，为责任规划师提供参考意义（图6-28、图6-29）。

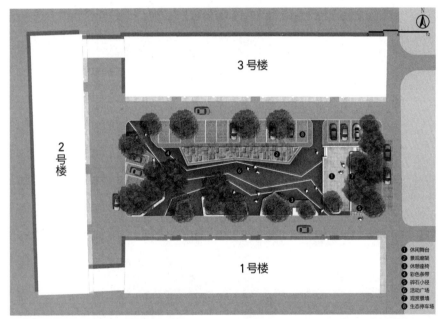

❶ 休闲舞台
❷ 景观廊架
❸ 休憩座椅
❹ 彩色条带
❺ 碎石小径
❻ 活动广场
❼ 观赏景墙
❽ 生态停车场

图 6-28　广场平面图

改造前

改造后

图 6-29　1-2-3 号楼间广场改造前后对比（一）

图6-29 1-2-3号楼间广场改造前后对比（二）

6.5.4 健身广场

在学院南路32号院西区，15号楼南侧，有一个面积约900m² 的开放空间，这块场地同样面临着多种复杂的环境问题：南侧由绿地围合，绿地内的植物长势不佳，土地裸露在外；北侧为15号楼居民私自圈定的"后花园"，放置了各式各样的盆栽，将本身空间就不宽裕的广场空间瓜分得所剩无几；东西两侧是约5m宽的车行道，来往的车辆常停于广场两侧，影响广场内的居民活动。来到场地内部，单一简陋的砖石铺地，一套健身器材孤零零地摆放在场地中央，旁边摆放着几个休息座椅。整个场地的原始状况比1-2-3号楼间广场稍好一些，但同样存在使用率不高、景观风貌欠佳等问题，急需改造更新（图6-30）。

方案以遵循现状条件、不改变场地原有特色和功能为原则，面对社区老龄化问题，将场地定位为运动健身广场，希望将单调的硬质空间改造为绿地环绕的健身空间，以点带面改善社区环境品质，激活场地，为学院南路32号院社区注入更多活力。

设计后的广场从简单的硬质空间摇身一变，成为具有亲和力和吸引力的运动健身小游园。在绿化方面，增加绿地面积，在保留原有乔木的基础上，在绿地中地被较为裸露的地方补植灌木，优化场地植物景观。在停车方面，增加停车空间，合理布置停车位，以满足周围居民的停车需求。在设施方面，结合绿化，在树荫下布置休憩座椅，调整原有座椅的位置，提高场地内休憩座椅的使用率。此外，设计对场地的铺装也进行了更新，通过丰富多样的地面线条展示场地的活力，呼吁居民走出家门，一同进行运动健身，同时也与1-2-3号楼前广场的铺装线条形成呼应。场地通过乒乓球桌等各类健身设施，为居民提供多种活动选择（图6-31、图6-32）。

图6-30 健身广场现状

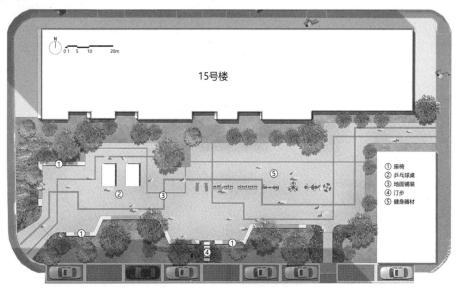

图6-31 健身广场平面图

改造前　　　　　　　　　　改造后

图6-32 健身广场改造前后对比

6.5.5 原廊架区域——晾晒、休憩功能

在 1-2-3 号楼前小广场的隔路东侧，13 号楼隔路北侧，有一个老旧的白色廊架，由于多年的日晒雨淋，早已不像刚建造完成时的光鲜靓丽。廊架前放置了一套社区的垃圾分类箱，在实地调研过程中，发现周边的灌木枝叶已经快要生长到廊架内，占据了一部分廊架的休息空间（图6-33）。来往路过的居民大部分是过来倾倒生活垃圾，而忽视了垃圾箱后的廊架。走到廊架下面，发现这片区域几乎不像是居民的休息空间，更像是一个被单的晾晒场。综合种种因素，我们认为这是一处非常值得利用的空间，具有很大的更新潜力。

图6-33　廊架现状

考虑设计的实用性、经济性和美观性，团队决定将这个区域作为 1-2-3 号楼间广场的延续，将原有廊架去除，增添晾衣竿以弥补社区目前所缺乏的晾晒空间，对于晾衣竿的色彩选择、风格把控、摆放位置上均进行了一定的考量。

设计将场地中原先破败且缺乏使用的廊架进行拆除，而对绿地加以保留和调整。团

图6-34　晾衣广场更新设计

队定制了一批高矮、长短不一的晾衣竿，高度 1.3~2.0m 不等，能够满足不同居民的身高以及各式各样的晾晒物品。将晾衣竿按照一定规律摆放于绿地中，结合座椅，使居民在晾晒之余也能坐下来谈天说地，放松心情。晾衣竿将原先的廊架区域激活，赋予这片场地全新的生机与活力（图6-34）。

6.5.6 停车空间——非机动车停车、充电功能

整个学院南路 32 号院社区中，目前仅有一处区域可供居民集中停放电动车和自行车，它位于场地东北角，邻近文慧园北路，与社区大部分居民楼相距较远，是一个简易车棚（图 6-35）。

车棚位于坡上，与外侧道路有一定的高差。其西侧有一条人行道通往社区活动室，北侧是北太平庄街道综合行政执法队，南侧为居民楼。紧挨车棚西侧有一处能够容纳一辆机动车的空地，面积约 37m²，目前废弃闲置；东侧为种植池，池内植物长势一般，风貌杂乱。整个车棚面积约为 138 m²，现由红砖和防盗窗、防盗门简单组合搭建而成，从外观上可以看出整个车棚经历了多年的叠加使用，养护水准较低，设施尺度难以满足使用需求。

设计后的车棚较原有车棚在结构方式、形态造型、材料使用方面均进行了一定程度的提升，屋顶采用规则折现的形式，同时利用光影变化的木条进行空间融合，以提升社区活力。车棚总面积达 175 m²，有 100 个自行车、电动车停车位，同时设有充电桩，能够较好地满足社区非机动车的停放需求（图 6-36~ 图 6-38）。

由于已有的车棚位置相对较远，在对社区场地进行综合分析后，拟将学院南路 32 号院社区 6号楼、7 号楼之间，靠近幼儿园的空旷区域划定为非机动车停车区。场地原有 6 套户外桌椅，现均已变为周边居民的晾晒支架，失去了原先的使用功能。

车棚采用轻钢与混凝土墙体相结合的结构方式，部分支撑结构融入墙体，通过简洁的结构方式和朴素适用的材料融入现状环境。车棚总面积达 81.5 m²，能够满足现状自行车、电动车的停放需求，同时设有入口和出口，以保障高峰时期的使用便利（图 6-39）。

图 6-35　北部车棚现状

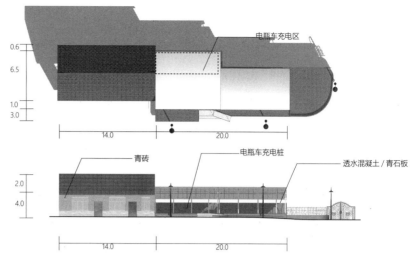

电瓶车充电区

青砖　　　　　　　电瓶车充电桩　　　　　透水混凝土 / 青石板

图 6-36　北部车棚设计（单位：m）

图 6-37　北部车棚改造后

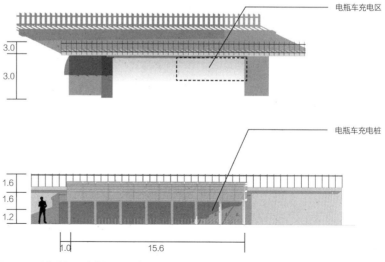

电瓶车充电区

电瓶车充电桩

图 6-38　南部车棚设计（单位：m）

改造前　　　　改造后

图 6-39　南部车棚改造前后对比

6.6 公共空间维护与管理

　　设计方案敲定后，团队始终与施工方保持密切联系，关注施工的实时动向。因项目处在社区内，原本的施工进度由于新冠疫情的突然暴发经历了停滞、重启等一系列艰难过程，团队人员多次来到施工现场与施工团队和社区居委会进行沟通，积极解决施工中遇到的各种问题。

　　经过持续数月的施工，现场清理后，可以看到社区绿地的品质面貌得到了整体的提升。团队通过植物更新设计、休憩设施升级、停车空间生态化等方式营造出丰富的活动空间，为社区居民提供了更优质的生活空间。铺装和材质也经过精心的挑选，为社区空间添加了富有活力的线条和色彩。学院南路 32 号院项目的更新落地，实实在在地改变了居民的生活环境，这个项目得到了居民的认可，增加了社区居委会的凝聚力和居民对于政府的信赖。同时，在试点项目的形成过程中，团队学生对项目进行了从头到尾的参与，是一个良好的教学方式。

　　在整个社区更新过程中，作为"1"的高校团队，我们做了很多工作，进行了全过程的参与。一是团队高校师生能够进行详细、专业的调研和测绘，对场地问题进行全方位的分析梳理；二是进行了规划宣讲和知识科普，比如我们在做学院南路 32 号院更新项目的时候，开展了多次居民讲堂，给居民科普什么是规划、什么是公共空间以及植物应当怎样选择；三是尝试把它当成一项自发式设计项目，通过调研摸底以及与社区沟通，寻找设计地块，而非政府直接委托；第四，在公众参与方面，高校教师和责任规划师来主导公共参与的策划、内容、主持和引导；第五，在施工方面，我们全程跟踪，其中包括但不限于施工图的核对、施工现场的跟踪与质量把控；第六，在建成后的宣传阶段，我们希望让更多的社会人士，了解和关注社区公共空间，通过北京市规划和自然资源委员会海淀分局、街道办事处、学校等公众号、报纸、电视台等媒介向外推广。

　　社区更新是一个长期的过程，相信未来将会有各方力量参与进来。学院南路 32 号院作为一个成功的试点项目，是多方合作共同努力的结果，期待今后慢慢体验并发掘 32 号院的魅力。

7

疫情时代下的健康社区探索
—— 蓟门里社区复兴

7.1 疫情时代下的健康环境思考

2020 年的农历新年前夕，突如其来的新冠疫情，打乱了所有人的生活节奏，仿佛一下子按下了暂停键。北京所有的社区都进行了封闭管理，只开放一个出入口，门口放置帐篷，对住房外来人员进行严格控制，体温检查。而社区的公共空间，成为人们户外活动最近、最安全的场所。

人们对健康的生活环境也开始进行反思。面对突如其来的疫情，我们的生活受到多方面的限制，其中感受最深的就是活动空间剧减。此时不得不思考一个问题，满足一个人基本生活需求需要多大的空间？在我国，城市由不同的分区组成，而分区里最小的单元就是社区，社区是否可以成为中长期承载居民主要活动需求的场地呢？如果可以，是不是在面对其他突发性灾难时，可以通过社区边界隔离外部影响，社区内部消化所受影响，控制和调节社区，将整个城市甚至更大范围的影响逐渐消除。

在疫情防控过程中，风景园林师也不断思考自己存在的价值与意义。疫情期间，风景园林领域聚焦公共健康的热点总结为三个方面：在规划设计方面，聚焦基于社区生活圈的公园绿地体系的优化，构建强调可用性的多元化邻里绿色场所，以及强化公园绿地作为防疫和应急服务的预留空间；在管理方面，开展公园绿地健康改善项目和事件的运营，聚焦公共卫生，构建公园绿地精细化管理体系；在保障机制方面，开展公共健康改善效益评估，拓展资金和服务供应方来源，并主动深度参与新公共卫生时代的多方合作。作为为居民创造和建设理想人居环境的重要责任人，风景园林师要肩负起让所有人生活在健康、美丽、宜居的环境中这一伟大任务。社区内部的公共空间是承载居民生活的载体，也是居民在疫情下能够快速接近和使用的地方，特别是在社区隔离的状况下，其重要作用越来越不容忽视。

7.2 一次改造契机

7.2.1 社区基本情况

蓟门里社区位于北京市海淀区北太平庄街道西北部，东邻西土城路，西邻首都体育学院社区，南邻北三环西路，北邻蓟门桥北路。社区整体呈南北走向的长方形，占地面积 14.5hm²。目前社区共有楼房 52 座，其中居民住宅楼 35 座，商业、办公楼、学校等楼房 17 座，社区内有中小学校、幼儿园、超市、菜市场、邮局、餐饮、理发、工商、电器维修等。社区常住居民 3500 户，人口总数 12800 人，人户同在居民 6600 余人，流动人口 2500 余人，出租户 780 余户，其中：育龄妇女 1200 人；90 岁以上老人 28 人；80 岁以上老人 370 人；残疾人 130 人，年龄结构复杂。

蓟门里社区曾经是北京市海淀区北太平庄街道为数不多的功能较为完善、绿化较好的混合型社区，被授予"花园社区"的美称。然而，随着产权变更、住户更新、疏于管理等问题，蓟门里社区公共空间几经调整，原有的绿地几乎被硬质铺装替代，存在很多的问题，如建筑风貌不统一、配套服务设施落后、停车不足、公共活动空间功能单一等情况。

7.2.2 面对疫情的挑战

2020 年，北太平庄街道将蓟门里社区环境改造列入当年环境整治项目中，团队针对蓟门里社区进行多次调研与测绘，从居民视角考虑社区公共空间使用存在的问题，从而使社区功能更加完善与便利。

社区道路是整个社区给居民的第一印象，蓟门里社区现状场地内主要车行道南北贯通，人行道分布在主要车行道一侧，社区内基本实现了人车分流。但是部分道路铺装破损，没有及时修整更换，且局部道路狭窄，导致居民行进间断，体验不佳（图 7-1）。

图 7-1　蓟门里社区道路现状

蓟门里社区内部公共空间较多，大部分社区公共空间为硬质铺装加树池的模式，部分公共空间设置了体育器械及休息设施，但其普遍存在设施陈旧、功能缺乏、使用率低下的问题，因此公共空间提升是社区更新改造中极其重要的一部分（图 7-2）。

蓟门里社区没有较为明确的社区主题，文化宣传工作较为落后。社区文化在社区居民的日常生活中扮演着非常重要的角色，一个企业有没有凝聚力，就看企业文化，一个社区也是如此，所以在社区更新过程中需要深入发掘蓟门里社区的魅力。面对居民们对于健康社区的改善诉求和风景园林师对于健康社区的思考总结，团队决定从"健康环境营造"的角度出发，对蓟门里社区进行更新，从社区历史中挖掘和赋予其时代的意义。

图 7-2　蓟门里社区公共空间现状

7.3 叠加健康活力社区公共空间体系

每次发生紧急情况之后，我们都有所思考，社区应怎样增强应对突发事件的能力，除了更全面的社区建设、更完善的安全预防机制外，社区作为一个缓冲空间，拥有健全的健康机制尤为重要。

2021 年 1 月 28 日，北京市应急管理局命名蓟门里社区为"2020 年度北京市综合减灾示范社区"，但是在疫情暴发时，整个社区也经历了相当艰难的调整，对于出入口的人流控制、物资的转运等。当团队在接到蓟门里社区更新任务时，脑海里浮现出来的是如何在目前较好的基础上去完善整个社区的运转系统，在查阅资料之后，得知蓟门里社区原为"花园社区"，所以团队经思考后提出"复兴花园社区"的主题，为其注入健康的理念。

针对蓟门里社区目前存在的问题，团队提出在社区格局上进行调整，即与健康体系进行叠加，包括入口安全体系、健康慢行体系、停车体系、功能型花园体系、社区文化宣传体系以及指引标志体系，通过对点、线、面不同类型小微空间进行多角度更新，构建"双轴七花园"蓟门里健康活力社区（图7-3）。

在设计中，团队强化与规范社区中原有较为严整的轴线，形成社区形象轴与社区文化轴两条轴线。对于社区形象轴，在道路两侧栽植行道树，设置人行道、盲道和机动车停车位，种植绿篱并结合座椅，打造居民的聊天空间；对于社区文化轴，利用现有栏杆围墙，形成以社会党政、传统文化、社区生活为主题的社区文化宣传栏。

对于东侧七个不同的小花园，我们根据场地目前的使用状况赋予其不同的主题与功能，

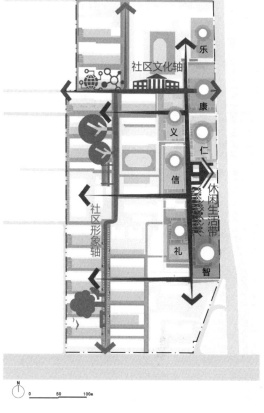

图7-3　蓟门里社区规划结构

包括仁园、义园、礼园、智园、信园、乐园、康园，其中义园原本已经建设完毕，并纳入社区公共空间体系中。总的说来，它们几乎包含了可以开展所有活动的可能性，如健身、社区活动、社会交流、邻里关爱、唱歌、跳舞等。

7.4 健康主题公共空间营建

7.4.1 多功能大门空间

社区大门是控制内外人员流动的重要场所，团队对大门的样式进行更新，设置平行 + 人行 + 专用通道布局，并覆盖顶板，满足平疫结合的使用需求：在正常情况下，设置机动车道、非机动车道、居民出入道，石墙可作为通道分隔，也可以作为社区文化宣传墙；在疫情等突发情况下，专用通道转变为救援物资的专用运输通道、紧急通道，右侧靠墙设置 1m 安全线、检疫操作台等，用于疫情检测控制，保障社区内外物资、人员流动的安全性（图7-4、图7-5）。

图 7-4 蓟门里北门改造前后对比

图 7-5 蓟门里南门改造前后对比

7.4.2 健康步道

　　老旧社区的道路铺装经历长时间的使用以及无人管理，都会有局部破损。团队在重铺道路和局部替换道路铺装的想法上，加入地面标识砖，引导居民在无意识中受到健康理念影响。我们做的即是在社区内部规划慢行系统，设置半圈（800m）、整圈（1600m）慢行步道，从南大门开始一直到最北部东 2 楼北侧，串联起 7 个花园，每隔 200m 设置长度标识，居民看着地面上的标识砖，自觉在社区里面进行健步走路，达到居民康体健身的目的（图 7-6）。

图 7-6 蓟门里步道改造前后对比

7.4.3 文化宣传

　　蓟门里社区有一条贯穿多个小区的道路，道路一侧为栏杆围墙，另一侧有一条人行道以及与另一小区的围墙边界。原有的栏杆围墙并未进行任何的改造，居民走在道路上感受不到社区的氛围，因此，对此处围墙栏杆进行更新，一方面是对社区资源的合理利用，让居民有社区集体荣誉感，另一方面可以加强对于底楼居民隐私的保护。在改造中，利用现有栏杆围墙，结合党政文化、传统文化、社区生活等制作文化宣传 KT 板，形成长约 200m 的社区文化轴，营造和睦融洽的社区氛围，加强居民集体意识，方便社区管理（图 7-7）。

图 7-7　蓟门里社区文化宣传改造前

7.4.4 标识系统

　　通过新增地面标识砖、座椅标识箱、广场标志牌与社区导览牌，打造全面、系统、合理的社区标志系统，将标识系统运用到社区转型中，用空间信息来管理空间的方式转变了社区的管理体系，提高社区管理的效率与深度，所以基于科学高效的标识系统下，社区的管理也更加清晰与明确，有助于为健康社区提供管理基础（图 7-8）。

图 7-8　区位标识牌

7.4.5 营建主题花园

在社区东部，高层楼房围合出的七块空地，曾经是社区附属绿地，由于管理不当，后期被填满铺装，并且存在破损、积水、缺乏照明、自行车乱放、高差不均等安全隐患。借助本次改造机会，团队结合社区居民不同的使用需求，设计了 7 个不同主题的花园[①]。

1. 乐园

场地以"乐"为主题，通过广场流畅的折线造型围合出聚合的空间，提供多样的社交活动，期望能够加强社区居民之间的交流。乐园位于蓟门里社区东北角，面积约 1900 m^2，东侧紧邻西土城路，有小区出口，南侧为社区东 2 楼，西侧为北京市燃气集团有限责任分公司。场地情况较为复杂，其南侧沿路违章停放大量车辆，居民出行特别是上下班高峰时间，形成的拥堵状况严重影响了居民生活，同时场地内部绿地空间比较郁闭，几乎无人使用，其西侧有一个停车棚，因无人管理，其现在基本处于废弃状况，紧邻停车棚的南侧有一个建筑垃圾房，此处堆放的废弃物品也影响了社区形象。

针对现状存在的主要问题，做出整改措施：①整合绿地和广场，营造宽敞明亮的空间，新增棋牌桌、晾衣竿等设施，满足居民需求；②将停车场设置在西侧和南侧，规范入口道路两侧停车秩序，解决原有交通混乱问题；③新建开敞的自行车棚，节省空间，提高利用率；④新建建筑垃圾站，两侧有绿地隔离，加强其使用的便利性，保障社区美好形象（图 7-9 ～图 7-11）。

图 7-9　乐园改造前

图 7-10　乐园改造后

---

① 其中义园已建设完毕，并纳入社区空间体系，因此不做更新设计。

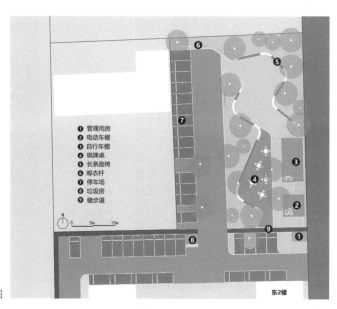

图 7-11 乐园平面图

① 管理用房
② 电动车棚
③ 自行车棚
④ 棋牌桌
⑤ 长条座椅
⑥ 晾衣杆
⑦ 停车场
⑧ 垃圾房
⑨ 健步道

东2楼

2. 康园

场地总面积 2800 m²，南、北两侧分别为 2 号、5 号住宅楼，西侧为住宅楼与社区居委会，东侧紧邻西土城路，场地内放置了零散的乒乓球桌、棋桌等设施，是目前居民进行锻炼的主要场所。团队在结合现有设施、保留场地功能的基础上，改善场地空间结构，增添运动设施，以"康"为主题，打造多元社区健身广场，倡导健康生活理念。改造后，场地以绿地围合，铺设长 133m 的环形塑胶跑道，内部划分出多个小型运动空间，原有广场局部改造为羽毛球场、乒乓球场、太极广场、儿童跑跳广场、棋牌广场等，满足各个年龄段人群的活动需求。同时增设庭院灯与自行车停放区，改善场地的照明与停车环境。

对比改造前后，通过划分内部功能区域，使得场地可以承载更多的活动形式与内容，同时也不会互相干预，提高了场地的使用率（图 7-12 ~图 7-14）。

图 7-12 康园改造前

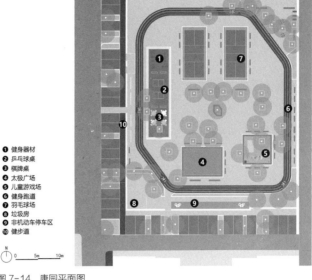

① 健身器材
② 乒乓球桌
③ 棋牌桌
④ 太极广场
⑤ 儿童游戏场
⑥ 健身跑道
⑦ 羽毛球场
⑧ 垃圾房
⑨ 非机动车停车区
⑩ 健步道

N 0   5m   10m

图 7-13 康园改造后　　　　　　　　图 7-14 康园平面图

3. 仁园

场地面积约 2700 m²，南、北两侧分别为东 4 楼、东 6 楼，西侧为东 5 楼及其北侧广场，东侧为东 12 号楼。场地设计之前，其面向道路侧为停车区域，内部仅有一些座椅，并未划分区域。设计后场地以"仁"为主题，仁即爱人，通过提供人际交往、锻炼的场地，营造一种人与人之间的和谐关系。通过重新进行地面铺装，去除原有小矮墙，用绿地塑造不同空间，如健身、交流、自行车停车等，采用直线与弧线结合的设计，补植了花树、小乔木以及绿篱，营造一种优美宜人的氛围（图 7-15、图 7-16）。

改造前

改造后

① 彩色晾晒杆
② 乒乓球台
③ 树池座椅
④ 成品桌椅
⑤ 创意座椅
⑥ 建渣处理区
⑦ 健步道

N 0   5m   10m

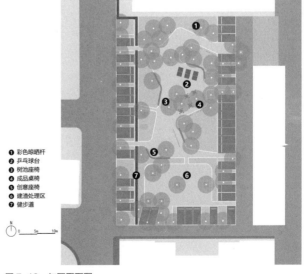

图 7-15 仁园改造前后对比　　　　　　　图 7-16 仁园平面图

4. 信园

场地位于蓟门里社区东 5 楼与东 7 楼之间，总面积约 1500 m²，周围有学院路小学以及多处商业楼。在设计前，场地内会定期举行社区的文化活动，是面向居民宣传的地方，同时在放学时段，有很多家长会在此等候孩子放学，所以它也是一个缓冲区域。设计后，场地定位为"信"，设计理念为以信为友，通过公共空间的改造，加强人与人之间的交流与信任，提倡居民及周围商铺一言许人，千金不易，诚信交易，同时为学生提供户外课堂。通过在原有较好的乔木下设置环形座椅，加强社区居民之间的交流，增加乔木栅板、树池箅子来补充场地细节。北侧新增一个舞台，舞台所在的地方，曾经也是社区进行文化宣讲的地方，通过一系列精细的调整，场地变得更加丰富细腻，也比较符合使用者的需求，既有利于居民休憩及开展日常活动，又增强了场地特色（图 7-17、图 7-18）。

图 7-17 信园改造前后对比

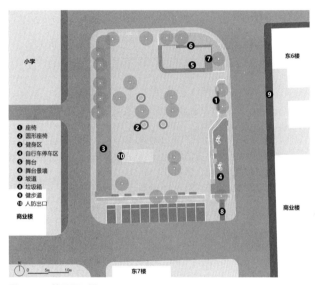

图 7-18 信园平面图

5. 礼园

该场地位于社区东南侧，面积约 1400 m²，南、北两侧分别为东 9 楼、东 7 楼，西侧为蓟门里医院，东侧为东 8 楼以及社区绿地。场地原来的形式比较奇怪，一块挺大的空地以各种折线筑起来的小矮墙划分出多个场地，内部活动设施也较少，仅有一个棋牌桌，其余就是居民自己搬出来的座椅。

场地改造后主要分为南、北两个区域：南侧设置小剧场与体育器械，是居民集中活动的场所；北侧包括一个自行车停车场以及健身区，广场结合"礼"主题，宣扬乐于助人、正直良善的理念（图 7-19、图 7-20）。

图 7-19　礼园改造前后对比

6. 智园

场地属于改建区域，面积约 1900 m²，位于蓟门里社区东南部，场地西南侧是市政办公室和社区服务中心。改造前其内部有一条游步道，游步道两侧高出2cm为活动场地，放置了一些座椅，场地内部有乔木遮阴，较为友善。

场地以"智"为主题，针对不同年龄儿童划分为南、北两个活力游戏场地：北侧为学龄期、青少年运动场地，设有健身器材及游戏铺装图案；南侧为学龄前儿童游戏场

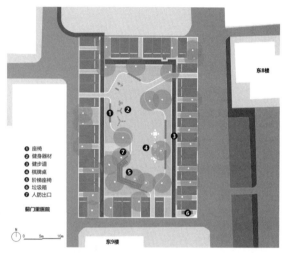

❶ 座椅
❷ 健身器材
❸ 健步道
❹ 棋牌桌
❺ 阶梯座椅
❻ 垃圾箱
❼ 人防出口

蓟门里医院

图 7-20　礼园平面图

地，结合微地形设计放置简易无动力设施，启发儿童在运动游戏中开发智力、快乐成长。整个场地以EPDM铺装为主，绿地空间围合，南侧增设自行车停车区域，并与内部场地相隔（图7-21、图7-22）。

图 7-21　智园改造前后对比

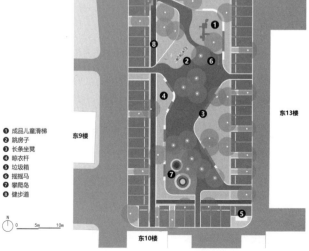

❶ 成品儿童滑梯
❷ 跳房子
❸ 长条坐凳
❹ 晾衣杆
❺ 垃圾箱
❻ 摇摇马
❼ 攀爬岛
❽ 健步道

图 7-22　智园平面图

7.5 融入公众参与的建设过程

为了确保能够充分实现居民对于日益丰富美好社区生活的需求，基于前期调研基础上，蓟门里社区开展了"共筑北太"系列公众参与活动，贯穿建设始终。

7.5.1 方案设计阶段的公众参与活动

在蓟门里社区更新过程中，团队组织了多场公众参与活动，了解居民的想法和意见，并充分融合到最终实施方案中，积极调动居民参与到社区更新改造中，采取了多种多样的方式，包括调研问卷、意见征集、心动之选、方案协调、材料选择等（图7-23～图7-26）。

图7-23　调研问卷

图7-24　方案协调

图7-25　心动之选

图7-26　公众参与活动合影

7.5.2 施工过程中的意见征集

在施工过程中，为确保不打扰居民的日常休息，街道与团队制定了详细的施工准则，包括隔离围挡的使用、噪声器械的使用、降尘等一系列措施。成立专门的共筑小队，进行过程中间的跟踪、答疑和施工指导。由于疫情期间，不便于线下组织活动，"共筑小队"通过线上调研的方式，进行居民意见征询（图 7-27～图 7-30）。

图 7-27 "共筑小队"合影

图 7-28 施工图纸讲解

图 7-29　施工讲解现场

蓟门里小区东 8 号、9 号、13 号楼间绿地更新问卷

■ 您是否同意本场地为彩色塑胶防滑地面【单选题】

选项	小计	比例
同意	156	85.71%
不同意	26	14.29%
本题有效填写人次	182	

■ 若铺设彩色地面，您倾向于哪几种颜色【单选题】

选项	小计	
1）蓝底+彩色	101	55.49%
2）橘底+彩色	19	10.44%
3）红底+彩色	16	8.79%
4）灰底+彩色	31	17.03%
5）其他颜色	15	8.24%
本题有效填写人次	182	

图 7-30　电子调研问卷结果

7.5.3 "蓟门里社区花园"摄影大赛

在社区更新项目全部施工完毕后，责任规划师与团队联合蓟门里社区策划了"温暖蓟门里，健康新家园——蓟门里社区花园"摄影大赛活动。

活动期间，居民们拿起各式各样的设备，在自家的院子里捕捉每一个美的瞬间。本次摄影大赛拓展了社区公众参与的内容，使我们与居民的距离更进一步。

通过摄影大赛活动的组织，一方面，团队收到了居民对于更新后的公共空间的使用反馈，这有助于在以后的同类项目中提升设计；另一方面，在社区公共空间展示的优秀作品能够进一步唤起居民的主人翁意识，增强居民的社区归属感与自豪感（图 7-31）。

一等奖

理想家园　　雪中有童趣

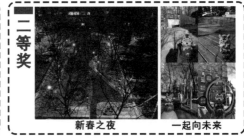

二等奖

新春之夜　　一起向未来

三等奖

蓟门里社区花园冬日雪中童话　　秋意浓　　运动健身　　文明社区因你美丽

蓟门广场　　宜居蓟门里

图 7-31　摄影大赛成果（一）

图 7-31　摄影大赛成果（二）

8.1 团队成员

　　海淀责任规划师—高校合伙人制度，是北京市规划和自然资源委员会海淀分局在北京市责任规划师制度下的一个特色管理模式。设置的初心，是希望整合海淀的高校资源，利用高校的科研实践能力，助力海淀区城市更新。自 2019 年开始，团队服务北太平庄街道，成员为北京林业大学园林学院的师生们，由王向荣、王思元老师领衔，魏方、张诗阳两名教师与二十余名研究生和本科生参加。

　　团队成员主要从事风景园林专业教学与科研，有三十余年的教学科研与实践经验，研究领域包括国土生态空间规划、城乡生态网络、地域景观、数字景观、景观设计方法等。在担任高校合伙人工作期间，我们将理论与实际相结合，尝试多种路径的教学改革，深耕北太平庄街道，通过"共筑北太"，带领学生们走出了自己的特色路线。

　　书中所展示的规划设计实践，离不开街道管理人员与专业的规划设计团队支撑。其中北京市朝阳区安贞街区焕活更新项目的合作伙伴是北京市建筑设计研究院有限公司的吴霜、李小滴、邹啸然、屈振韬等规划师。北太平庄街道系列更新项目的合作伙伴包括街道办事处的张浩、王文煊、赵新越，以及北京多义景观规划设计事务所的林箐、李洋、华锐、许璐等设计师。他们利用专业技能，将高校科研的成果转化为落地的惠民工程，是实践得以成功的关键人物。

高校合伙人团队成员

教师

王向荣　　　　　　　　　　　王思元　　　　　　　　　　　魏方　　　　　　　　　　　　张诗阳
北京林业大学园林学院　教授　北京林业大学园林学院　副教授　北京林业大学园林学院　副教授　北京林业大学园林学院　讲师

研究生

张慧成	姜政皓	刘心悦	陈馨	程瑜佳
郭倩	李婷	李禾	曹飞威	孟雪
王紫鹤	王赛	王丽红	郑灼	何心怡
刘璇	徐芯蕾	严格格	张佳楠	张子涵

本科生

| 刘淑仪 | 栾赵添 | 马晟轶 | 赵修诚 | 胡炜玥 |
| 贾若 | 廖柏力 |

项目合作单位成员

北京市朝阳区安贞街区焕活更新项目

吴霜
北京市建筑设计研究院有限公司
副总规划师

李小滴
北京市建筑设计研究院有限公司老旧小区研究中心副主任，高级建筑师

邹啸然
北京市建筑设计研究院有限公司
规划师

屈振韬
北京市建筑设计研究院有限公司
规划师

北京市海淀区北太平庄街道系列更新项目

张浩
北京市海淀区北太平庄街道城市管理办公室副主任

赵新越
北京市海淀区北太平庄街道责任规划师，北京市市政工程设计研究总院有限公司项目负责人

王旭东
北京市海淀区北太平庄街道城市管理办公室副科长

林箐
北京林业大学园林学院教授
北京多义景观规划设计事务所
主持设计师

李洋
北京多义景观规划设计事务所
设计所所长

华锐
北京多义景观规划设计事务所
景观设计师

许璐
北京多义景观规划设计事务所
景观设计师

金佳鑫
北京多义景观规划设计事务所
景观设计师

韩宇
北京多义景观规划设计事务所
景观设计师

姚鸿飞
北京多义景观规划设计事务所
景观设计师

常弘
北京多义景观规划设计事务所
结构设计师

8.2 对于责任规划师——高校合伙人的角色思考

通过三年多的磨合与实践，我们不断思考高校合伙人的角色，发现它是具有多重性、复杂性与挑战性，高校合伙人能够在社区更新中扮演多重角色。

8.2.1 作为沟通员

责任规划师和高校合伙人，是连接政府与市民的一座桥梁。由于我们是规划设计专业的背景，能够更好地解读规划政策，同时结合高校教师的传道、授业、解惑的职业优势，我们可以将这些上位规划成果、政策改革，以及相关的城市美学设计、植物景观等与生活环境相关的内容形成生动的科普性知识，以讲座或宣讲的形式，呈现给广大市民。

在实际的社区工作中，我们通过走社区、进社区的方式，为居民进行宣讲，讲座的内容涵盖北京市总体规划相关内容、海淀分区规划内容、城市更新的规划设计方法和案例、城市美学基础和案例、北京常见植物种类与养护、垃圾分类等。通过这些科普讲座，社区居民能够更好地了解国家和政府"人民城市为人民"的举措和实施路径，同时能够提高居民的审美情趣。

8.2.2 作为智囊团

根据上位要求、国内外经典案例经验和海淀区北太平庄街道自身特色，我们结合自身专业背景，对社区空间再利用的规划设计主题、策略、形象、指标等进行分类引导建议。

对正在进行的改造项目，包括社区改造、背街小巷更新、京张铁路沿线空间规划设计、转河沿线环境提升等，为其提供专业建议，以街区美学营建和街景塑造为主要实践载体进行研究，提升社区与街道的整体形象和文化氛围，突出街道的地区特色，辅助街道城管部门实现精细化管理。

8.2.3 作为科研人

街道是高校进行研究的一片沃土，每个街道都是一个城市片区功能的组合，包括居住空间、交通空间、办公空间、生活空间、生态空间等不同的功能空间，这些空间会存在不同的问题与因问题产生的解决办法，值得城市规划与风景园林学科背景的科研人员进行研究。

我们通过调研对街道内的现状情况与可利用空间资源进行整合，包括因拆除违建及平房形成的新的城市空间可利用资源、老旧小区现状条件与设施情况、街区乡土植物与绿化现状、街区历史文化与街道风貌，以及转河的河道景观现状与空间资源调研，形成多个专项调研分析报告。

在错综复杂的现状中保持清晰明确的逻辑思维，准确辨析场地核心问题，也是专业必备的基础研究能力。通过调研，我们分析这些问题背后的原因，寻求解决问题的路径。这种发现问题与解决问题的思考过程，是非常有乐趣的。同时我们也在寻找和合适的场地，通过一些微小的设计去检验我们的方法是否有成效，街道给我们提供了一个实验平台，我们通过观察、统计等方法，去研究设计对人的行为的引导。

8.2.4 作为组织者

开展社区居民座谈会，为居民进行社区植物种植与养护等专题的科普宣传，加强居民的多元化参与，协助树立居民自身主体意识；同时，开展街道社区空间提升与设施更新等相关研究与实践工作，辅助街道进行组织与宣传。

"参与式"空间更新不单是规划师一方面的行为，也需要各方力量的积极参与，通过举办公众参与活动，在地方政府和公众之间建立多元参与平台，平衡多方利益，解决多方矛盾，推动社区居民的共建积极性，获得公众对城市更新工作的支持和参与，协助规划师更好地进行人性化的设计，使社区居民与规划者互通互联，形成紧密的伙伴关系。在举办社区活动过程中，需要充分发挥组织协调能力，汇集各方力量。通过积极应对居民的多元化需求，可以帮助学生掌握对话技巧，锻炼学生的人际交往、随机应变、发现问题和解决问题的能力。学生通过公众参与活动，深入居民生活，体会大众需求，关注社会热点问题，培养公共服务意识，增进了解风景园林专业的社会公共性和专业使命感。

自 2019 年担任高校合伙人开始，团队针对北太平庄街道的 4 个社区，共举办了大大小小、规模不等的公共参与活动 20 余次，平均每个社区 3～4 场，这些都承载在"共筑北太"系列活动下，通过多种多样的形式，包括调研问卷、动手拼搭、我的家园我来画、我的家园我来说、我的家园我来选、社区小讲堂等，听取居民心声，与居民共筑共建。

8.2.5 作为教育者

北京林业大学—北太平庄街道"高校合伙人"教学实践的成功开展，为风景园林专业教学提供实践案例，从社会调研、公共参与、方案推敲、建设跟踪、后期宣传五个实践环节中，逐步探索出"参与式"教学在风景园林专业硕士生教育培养中的应用方法。

风景园林是一个实践性极强的学科，当图纸上的美好设想转化为实物时，一些在二维平面图上忽略的问题则会在三维立体空间中浮现。在校学生往往因缺乏社会实践而对材料、尺度、构造、工艺等方面缺少真实感受，无法建立与方案设计之间的联系。因此，在施工过程中对建设情况进行追踪和密切参与，不仅有利于学习风景园林工程建造技术知识，通过与施工人员的沟通，更加了解真实建设过程，全方位培养实践技能，积累技术经验和阅历，培养前瞻性和可行性思维。

8.2.6 作为实践者

不断更新迭代的社会文化因素影响着风景园林行业，导致景观设计具有很强的变化性，内含诸多不可预料的变数，设计方案往往需要多轮更新以适应新的功能和需要。实际项目的设计方案更加强调不断推敲的过程，设计师需要以客观的立场帮助和引导居民解决问题，通过有效的技术方法和设计创新，以社区使用者的切实需求为导向，将居民意见落实，实现更加人性化的空间设计。通过居民和社区的渐进性反馈，学生也能体验到思维拓展和角色转换的乐趣，逐渐形成正确的设计思维和价值观，由被动的效仿转向主动的探索。

8.2.7 作为宣传者

随着"知识爆炸""大数据""互联网""虚拟 VR 技术""数字景观技术""AI 人工智能""5G"以及"新媒体"产业的迅猛发展，日新月异的信息对风景园林行业传统的运作模式产生潜移默化的影响。北太平庄街道更新项目，获得了政府支持和积极的社会评价，《北京日报》《中国自然资源报》、北京电视台"榜样的力量"等多家主流媒体的正面宣传，体现出各级政府对城市更新工作的关注与认可。同时，团队也利用公众号、社区网络平台、实体宣传等多种方式，对政府的上位规划、公众参与、设计方案等内容，向社区群众宣传。这些工作除了需要借助专业的基础设计软件之外，还需要拓展其他辅助软件、网络平台和可视化工具等，对设计方案进行呈现，对建成效果进行展示。在这个过程中，拓展了策划宣传、后期推广等能力，真正实现"跨学科、跨领域"的技术方法融合。

8.3 社区共治预想与引导

2010 年以来，为应对社区更新和基层社会治理创新的需求，社区规划活动在我国各地迅速发展，呈现出多学科、多领域参与协作的态势。有别于传统聚焦物质空间的住区规划，社区规划以系统和发展的视角关注社区的人文、经济、环境、服务和治理等多维度的互动和协同发展，强调社区作为生活共同体和精神家园，力求通过各方主体共谋、共建、共享，实现社区的全面可持续发展。

党的十九大报告指出："我国经济已由高速增长阶段转向高质量发展阶段"。2022 年 2 月，住房和城乡建设部召开新闻发布会，表示我国的城市发展已经进入城市更新的关键阶段，已经从过去聚焦"有没有"的快速建设发展，转向如今"好不好"的存量提质发展，有极大的内需潜力。在存量更新背景下，过去的"以物为本"的规划建设思想已经转向"以人为本"的可持续发展观。

如今热门的老旧小区改造、社区营造、社区生活圈规划等类型的规划项目都显示出，城市规划重心的下移和街区精细化管理的追求。一个又一个成功的社区更新案例，在北京、上海、深圳等大城市及周边如雨后春笋般涌现出来，大大改善了民生，获得了老百姓的认可。好的空间环境是需要社区居民共同维护和经营的，下一步，如何维护与管理，让这些好不容易更新的场所持续下去，是我们在社区更新项目中面临的新问题，在这个时候，社区共治要登上舞台。

8.3.1 搭建灵活的社区管理服务平台

社区更新与管理，是一个极其复杂的工作与过程，仅凭借某个人或某个机构，是无法单独完成的，它涉及很多参与者，包括政府、管理机构、企事业单位、各领域的设计专家，包括规划、城市设计、建筑设计、景观设计，还有工程配套，如土木工程、交通、能源、供水及废物处理领域，以及反馈服务机构，包括社区居委会、物业、业委会，这个过程是漫长复杂的，需要各方参与者有合作精神，用"跨界思维"实现交叉，建设和管理的流程本身也需要仔细规划。

一个灵活的社区管理服务平台，第一，需要实现的是规划目标与管理思想的统一，这里涵盖了社区经济发展、社会和谐、生态构建与文化传承等方面，参与其中的各方力量与成员，能够达成一致，并且愿意承担和面对可能额外产生的人力、物力和财力；第二，在管理内容上，将物质规划内容与社会发展规划内容全面对接，眼光长远，涵盖物质环境营造、社会资本提升与街区可持续发展等内容；第三，可通过社区发展管理条例、公众参与制度、促进非营利组织等法律法规，在管理制度上，要增强管理服务平台的社区地位，明确管理职责，保障社区发展；第四，要有灵活合理的管理办法，对于一些重要的节点和特殊紧急事件，经过研判后，可以突破制式的约束，特事特批，提高办事效率；第五，要有服务精神，从群众来，到群众中去，充分了解服务对象的需求，才能真正得到百姓的拥戴。

8.3.2 全方位的更新策略引入

如今，"以人民需求为导向，注重内涵发展，以满足人民日益增长的美好生活需要"已经成为风向标，打造理想城市社区、街区也逐渐成为渐进式有机更新的单元载体和重要媒介。这些更新主要体现在精细化的设计、小而美的改造、碎片式的更新、社区微更新等方面。在进行社区更新时，需要引入合适的更新策略，为社区量体裁衣。

在宏观街区尺度层面，要合理规划和整治现有机动车行进和停泊体系，利用立体停车、限时停车、自治停车等多种方式，解决停车难问题；梳理社区生活圈内部街道慢行系统，打造多层级慢行廊道体系，合理设置共享单车、自行车停靠点，拓展人行道空间，确保步行空间与骑行空间的连续畅通舒适，同时，要强化慢行系统与住区、开放空间、绿地、各类公共服务的连接关系，营造舒适的 15 分钟生活圈；可根据街道与社区的功能进行分类提升，提出几种典型类型的提升侧重点，进行差异化的更新；通过节点与标志物、特色的街道家具与绿化、街道立面整改等手段增强街区的可识别性，塑造特色风貌。

在微观场所营造层面，要充分做足街区各类空间的盘点工作，在公共空间覆盖率低、便利度低、可达性差的社区生活圈范围内进行重点挖潜，可通过置换、调整、共管、边界活化等方式，增加可开放使用的户外空间数量和质量；针对小型地块的更新，可在确保使用安全的前提下进行功能复合化设计，满足全年龄段的人群使用需求；也可利用新技术与材料，增强场地的文化属性。

8.3.3 全生命周期的社区公共空间管理

从我们参与的社区改造经验来看，社区更新与管理不是某一个更新行动，而是一个连锁反应，需要一个连贯的动作体系来支撑，在这个过程中，从政策推出到规划设计，从公众参与到施工维护，都需要管理者倾注心血。

在进行社区公共空间治理过程中，首先，需要有明确、远见的管理目标，由政府、开发商或机构牵头，坚持建设综合一体化的管理系统，在整个过程中，围绕目标开展工作，构建全生命周期的社区公共空间管理。《上海城市更新实施办法》中提出，"要实行动态的、可持续的有机更新，进行依法规范，动态治理。以土地合同管理为平台，实施全要素、全生命周期管理，确保更新目标的有效实现。其中，更新工作实行'区域评估＋实施计划＋全生命周期管理'相结合的管理制度。"

其次，要对更新单元进行评估，针对更新对象寻找合适的资金路径与更新模式。目前社区更新多以政府为主导，在多元社会力量参与和资金支持方面存在不足，通过引入社会资本，将以需求为导向转变为以资产为本，充分发挥社区的内部潜力，在改造物质空间的同时提升社会治理能力，减轻政府财政压力。例如，北京大栅栏更新项目，将"单一主体实施全部区域改造"转化为"在地居民商家合作共建、社会资源共同参与"的主动改造模式，在社区营造中融入资产盘点调研，与多个利益主体协同开展项目培育、文化与微经济体系建设等活动，将大栅栏更新为新老居民、传统与新兴业态相互混合、不断更新、和合共生的社区，在改善社区环境的同时有力提升了社区资产的价值，将更新支点从物质空间扩大到更广泛的人力与社会资本，有力夯实了社区治理的基础。

再次，在更新过程中，积极开展公众参与，获取民意信息，为人民办实事。在前期调研、规划设计、施工建设等各个阶段，通过组织睦邻活动进行意见征集，创造社区联系，让社区居民熟悉起来，形成参与主体，发挥主人翁意识，对项目的推进乃至后期的维护，都是有益的。活动的形式丰富多彩，如团队在北太平庄街道组织的"共筑北太"系列活动，包括了社区讲堂、自主拼搭、心动之选、花园种植等多个环节，居民在进行了一定专业知识的培训后，结合自身生活经验，能够为社区建设带来许多亮点与惊喜，居民与政府、设计师建立了深厚的感情与信任。

最后，社区更新后的维护与管理同样重要，好的社区，需要具备持续更新的能力。通常我国的社区由街道办事处、居委会自上而下进行管理，一些年轻的住区会依托物业公司来管理维护，住户成立业主委员会来进行监督，能够进行良性循环与自我维护。而对于老旧小区，存在基础设施不足、混合居住、无物业公司等现实问题，仅由居委会进行管理，财政资金给予支持，行政化导向成本过高，容易陷入资源困境，难以持续更新。可通过积极培育社会组织，提供各种资源，发挥中介作用；通过多方参与和政府鼓励，以政府、市场和社会多元互动的网络型运作模式，发挥社区的积极性和自主性；赋予社区居民权力，让居民了解社区公共事务，培养参与和民主意识，增强社区信任和合作等方式，分担政府管理重任，形成多元合作的管理模式。本书中提到的学院南路 32 号院社区，就是通过以上的方式，由政府主导初期完成社区楼屋修缮与公共空间更新，让学院南路 32 号院具备一定的硬件基础，在此之后，成功吸引物业公司入住，招募社区志愿者队伍，实现了由政府单一管理转型为物业公司辅助管理，提高社区自我维护能力。

8.3.4 提高社区居民的自治能力

随着城市更新的不断推进，许多社区规划，从以基层探索性支持、跨界团队推动、单个项目为特征的"活动组织模式"，转向通过社区规划师制度创新推动系统、全域的社区规划行动的"制度引领模式"。各级政府通过大力推进社区规划师相关制度建设，培育和扶持专业团队，建立扎根地方的长效工作机制，全面推进社区规划实践活动。其中，北京的责任规划师工作从制度建设和行动规模上都具有一定的前沿性和代表性，现在已经实现了各个街道都有匹配的责任规划师团队，来进行规划落地指导和项目跟进。

社区居民更了解自己的需要，但是由于个人能力、个人理性、公共物品的属性和复杂性现象，会导致信息失真。通过进一步培育居民的能力，实现规划师与社区之间的平等合作，从而实现由社区主导、责任规划师协助的模式，是当前责任规划师的努力方向。

通过建立多元的社区利益表达机制，包括规划参与、公示和听证会等制度化机制，社区对话和开放空间等基于社区组织的协商对话机制，规划专业技术协助、规划发起、调查、编制、决策和实施阶段中居民意见的收集反馈机制，全面收集社区公共物品需求信息。也可以通过专业人员在前期进行深度参与，重点挖掘本地资源、培育社区自治团队，从而形成一系列有能力的社区社会组织，能够在某种程度上承担街区更新项目的持续复制与孵化创新，有效调动社区居民参与社区更新的积极性，实现社区的共建与共治。

参考文献

[1] 徐云凡.城市更新之巴塞罗那的实践 [J].城乡建设，2021(01):71-73.

[2] 严若谷，周素红，闫小培.城市更新之研究 [J].地理科学进展，2011.

[3] 董玛力，陈田，王丽艳.西方城市更新发展历程和政策演变 [J].人文地理，2009，24(05):42-46.

[4] Christian M R. Inner-city economic revitalization through cluster support: The Johannesburg clothing industry[J]. Urban Forum, 2001, 12(1): 49-70.

[5] Rossi U. The multiplex city: The process of urban change in the historic centre of Naples[J]. European urban and regional studies, 2004, 11(2): 156-169.

[6] 阳建强，陈月.1949—2019 年中国城市更新的发展与回顾 [J].城市规划，2020(2).

[7] 耿宏兵.90 年代中国大城市旧城更新若干特征浅析 [J].城市规划，1999(7):13-17.

[8] 张京祥，赵丹，陈浩.增长主义的终结与中国城市规划的转型 [J].城市规划，2013(1):47-52，57.

[9] 王亮.北京市城乡建设用地扩展与空间形态演变分析 [J].城市规划，2016，40(1):50-59.

[10] 崔琪.从旧城到老城，从整体保护到走向复兴 [J].北京规划建设，2018.

[11] 叶原源，刘玉亭，黄幸."在地文化"导向下的社区多元与自主微更新 [J].规划师，2018，034(002):31-36.

[12] 郑杭生.社会学概论新修 [M].北京：中国人民大学出版社，2003.

[13] 中华人民共和国民政部.民政部关于在全国推进城市社区建设的意见 [Z].2000.

[14] 蔡禾.社区概论 [M].北京：高等教育出版社，2005.

[15] 李丕富.城市社区公共空间使用后评价研究 [D].西安：西北大学.2020.

[16] 仲筱.上海社区公共空间微更新评价体系研究 [D].青岛：青岛理工大学.2020.

[17] 巫昊燕.基于社区单元的城市空间分区体系 [J].山西建筑.2009 (15): 19-20.

[18] 国务院办公厅.国务院办公厅关于全面推进城镇老旧小区改造工作的指导意见 [R].2020.

[19] 刘家燕，陈振华，王鹏等.北京新城公共设施规划中的思考 [J].城市规划.2006 (04):38-42.

[20] 朱玲.以社区单元构建与公共卫生相结合的风景园林体系 [J].中国园林，2020(07): 26-31.

[21] 上海市规划和自然资源局.关于印发《上海市 15 分钟社区生活圈规划导则（试 行）》的通知 [EB/OL].（2016-08-15）[2019-10-18].
http://hd.ghzyj.sh.gov.cn/zcfg/ghss/201609/t20160902_693401.html.

[22] 周弦.15 分钟社区生活圈视角的单元规划公共服务设施布局评估：以上海市黄浦区为例 [J].城市规划学刊，2020(01): 57-64.

[23] 金云峰，李宣谕，王俊祺，等.存量规划中大型公共空间更新的公众参与机制研究：以美国东海岸防灾项目为例 [J].风景园林，2019(05):71-76.

[24] 扬·盖尔.交往与空间 [M].北京：中国建筑工业出版社.2002.

[25] 岳飞益.城市规划中的小微空间规划研究 [D].成都：西南科技大学，2021.

[26] 汪丽君，刘荣伶.大城小事·睹微知著——城市小微公共空间的概念解析与研究进展 [J].新建筑，2019(03):104-108.

[27] 李玉兰，江雪梅，熊超.国土空间规划背景下的城市开放公共空间更新改造研究 [J].艺术教育，2021(11):215-218.

[28] 宫媛.大城市生态绿地空间的保护与营造 [D].天津：天津大学，2004.

[29] 闫小满，赵弼皇，周逢旭.地方文化元素在城市口袋公园设计中的表达——以巢湖市伴园为例[J].长沙大学学报，2020，34(03):59-62+74.

[30] 曾美华.基于"口袋公园"概念下小型休憩绿地的规划设计研究 [D].南昌：江西农业大学，2016.

[31] 刘倩倩 . 天下第一泉风景区园林活力空间的研究 [D]. 济南：山东建筑大学，2018.

[32] 营造健康社区，蓟门里社区环境品质提升项目完成！ [EB/OL].[2022-02-06] .https://mp.weixin.qq.com/s/UfkvRsWF2X1AtFBQcDDMNQ.

[33] 李莎莎 . "城市公共空间"概念辨析与理念再思考 [J]. 城市建筑，2021，18(28):137-139.

[34] 张倩茹 . 城市广场柔性边界设计研究 [D]. 济南：山东建筑大学，2016.

[35] 哲迳建筑事务所 . 东山少爷南广场社区公园改造·广州东山口 [EB/OL].[2022-02-06].https://www.gooood.cn/dongshan-south-square-community-park-renovation-china-by-way-architects.htm.

[36] 纽约绿色英亩公园 [EB/OL]. [2022-02-06].https://bbs.zhulong.com/101020_group_687/detail9133114/.

[37] 北京王府井打造街角"口袋公园"绿色风景随处可享 [EB/OL]. [2022-02-06].http://finance.qianlong.com/2017/0930/2071615.shtml.

[38] 百花二路儿童友好街区 [EB/OL].[2022-02-06]. https://www.gooood.cn/baihua-2nd-road-child-friendly-block-china-by-shenzhen-urban-transport-planning-center.htm.

[39] 卢旸 . 基于社会过程思维的城市社区更新规划评估 [D]. 重庆：重庆大学 .2016.

[40] 赵民 . 简论"社区"与社区规划 [J]. 时代建筑，2009(02):6-9.

[41] 金云峰，周艳，吴钰宾 . 上海老旧社区公共空间微更新路径探究 [J]. 住宅科技，2019(6):58-63.

[42] 贾茹 . 城市居住社区公共空间的设计研究 [D]. 武汉：湖北工业大学，2015.

[43] 闫丽娜 . 新中式商业街区空间尺度分析应用研究 [D]. 西安：西安建筑科技大学，2018.

[44] 郝一龙 . 社区城市设计理念与方法研究 [D]. 重庆：重庆大学，2016.

[45] 东莞 / 东大（深圳）设计有限公司 . 涌头社区核心区环境综合改造设计 [EB/OL]. 2021-06-15[2021-08-05].https://www.gooood.cn/comprehensive-environmental-renovation-design-of-core-area-of-chongtou-community-dongda-shenzhen-design.htm.

[46] Stanton Williams，英国剑桥艾丁顿社区 [EB/OL]. 2020-07-03[2021-08-05]. https://www.gooood.cn/north-west-cambridge-by-stanton-williams.htm.

[47] 沈大炜，彭韬 . 微公共空间城市设计的艺术责任——城市空间艺术化初探 [J]. 华中建筑，2010，28(08):124-127.

[48] 胡青青 . 城市公共空间景观设计的问题及创新策略 [J]. 住宅与房地产，2021(12):72-73.

[49] 叶岚，秦施爽 . 见"微"知"著" 城市社区空间微更新的规律与内涵 [N]. 中国建设报，2021-06-21(004).

[50] 朱小地 . 王府井街道整治之口袋公园 [EB/OL]. (2017-09-30) [2021-08-04]. https: //www.archiposition.com/items/20180525112259.

[51] 王东寰 . 城市商业街区更新改造路径探析 [J]. 上海商业，2021(07):16-18.

[52] 方方，赵悦 . 望京小街 持续焕发新活力 [J]. 时尚北京，2021(05):58-59.

[53] 陈媛媛 . 商业街区公共设施设计的新思路 [J]. 包装工程，2019，40(20):236-238+242.

[54] 祝遵凌，李丰旭 . 商业街区景观中历史文化传承与发展——以南京老门东为例 [J]. 装饰，2020(10):124-125.

[55] 张唐景观 . 等待下一个十分钟 - 北京五道口宇宙中心广场改造 [EB/OL]. (2017-01-09) [2021-08-04]. https://www.gooood.cn/waiting-for-the-next-ten-minutes-u-center-plaza-by-z-t-studio.htm.

[56] 宗轩，秦莉雯，鲁涵岳 . 口袋体育公园设计研究 [J]. 住宅科技，2021，41(06):1-5.

[57] 秦莉雯 . 微更新中的社区口袋体育公园设计策略研究——以上海杨浦区四平路街道为例 [J]. 城市建筑，2021，18(15):173-177.

[58] 陆家嘴街道活力 102 项目 [EB/OL].[2021-08-04].https://www.sdpcus.cn/file/alk_0503_huole102.pdf.

[59] ASPECT Studios. 澳大利亚 Box Hill 花园改建 [EB/OL].[2021-08-04]. https://www.gooood.cn/box-hill-gardens-by-aspect.htm.

[60] 田丽 . 基于韧性理论的老旧社区空间改造策略研究 [D]. 北京：北京建筑大学，2020.

[61] 王樾 . 街巷公共空间适老化更新策略研究 [D]. 北京：北京建筑大学，2020.

[62] 刘宛 . 精微公共空间与活力城市生活——关于老城区精治的思考 [J]. 北京规划建设，2019(S2):155-160.

[63] 刘悦来 . 社区园艺——城市空间微更新的有效途径 [J]. 公共艺术，2016(04):10-15.

[64] 公伟 . "开放社区"导引下的老旧社区公共空间更新——以北京天通苑为例 [J]. 城市发展研究，2019，26(11):66-73.

[65] 梅继元 . "微更新"视角下的社区公共空间设计分析 [J]. 城市建筑，2020，17(05):42-43.

[66] 韦丽华 . 后疫情时代旧城社区生活圈规划探索 [J]. 安徽建筑，2021，28(07):29-30.

[67] 毛圣雯 . 基于公共空间对北京老旧社区街道景观微更新——以北京天通苑社区为例 [J]. 价值工程，2019，38(29):63-65.

[68] 鲁显涛 . 社区公共空间微更新的优化研究 [J]. 福建建筑，2020(11):25-28.

[69] 侯晓蕾 . 公共空间更新与社区营造 [J]. 风景园林，2019，26(06):4-5.

[70] 许义平，李慧凤 . 社区合作治理实证研究 [M]. 北京：中国社会出版社，2009.

[71] 顾朝林，沈建法，姚鑫，石楠等 . 城市管治—概念，理论，方法，实证 [M]. 南京：东南大学出版社，2003.

[72] 何流 . 基于公共政策导向的城市规划体系变革 [M]. 南京：南京大学出版社，2010.

[73] 简·莱恩（著），赵成根（译）. 新公共管理理论 [M]. 北京：中国青年出版社，2004.

[74] 边防，吕斌 . 基于比较视角的美国，英国及日本城市社区治理模式研究 [J]. 国际城市规划，2018，33（4）：93-102.

[75] 高红，杨秀勇 . 美英日社区治理政策变迁的历史逻辑与经验启示 [J]. 东方论坛：青岛大学学报，2018(3):123-129.

[76] 黄晴，刘华兴 . 治理术视阈下的社区治理与政府角色重构：英国社区治理经验与启示 [J]. 中国行政管理，2018(2):15-21.

[77] 董秀 . 深圳非政府组织 (NGO) 参与社区治理模式研究 [D]. 武汉：武汉大学，2010.

[78] 廖菁菁 . 公众参与社区微更新的实现途径研究 [D]. 北京：北京林业大学，2020.

[79] 疏伟慧 . 基于社区营造的北京老城居住性历史街区绿色微更新策略研究 [D]. 北京：中央美术学院，2020.

[80] 张天洁，岳阳 . 协作与包容——新加坡锦簇社区计划解析 [J]. 风景园林，2019，26(06):29-34.

[81] 潘晓莉 . 美国社区治理中的公民参与 [D]. 武汉：湖北大学，2011.

[82] 吴晓林 . 治理转型遵循线性逻辑吗？——台湾地区城市社区治理转型的考察 [J]. 南京社会科学，2015(09):96-103.

[83] David McVey, Robert Nash,Paul Stansbie. The motivations and experiences of community garden participants in Edinburgh, Scotland[J]. Regional Studies, Regional Science, 2018, 5(1): 40-56.

[84] Laura Saldivar-Tanaka, Marianne E. Krasny. Culturing community development, neighborhood open space, and civic agriculture: The case of Latino community gardens in New York City[J]. Agriculture and Human Values, 2004, 21(4): 399-412.

[85] 蔡君 . 社区花园作为城市持续发展和环境教育的途径 以纽约市为例 [J]. 风景园林，2016(05):114-120.

[86] 陆军 . 评《英国城市更新》及对中国的启示 [J]. 城市管理与科技，2019，21(03):95-96.

[87] 边防，吕斌 . 转型期中国城市多元参与式社区治理模式研究 [J]. 城市规划，2019，43(11):81-89.

[88] 山崎亮 . 约翰·罗斯金的思想与我的社区设计实践 [J]. 城市建筑，2018(25):40-42.

[89] 堵锡忠，李娟 . 发挥街道的城市管理基础作用不断提升新时代基层治理水平——《关于加强新时代街道工作的意见》解读 [J]. 城市管理与科技，2019，21(04):38-43.

[90] 中华人民共和国建设部 . 城市新建住宅小区管理办法 [R].1994.

[91] 唐燕，张璐 . 从精英规划走向多元共治：北京责任规划师的制度建设与实践进展 [J/OL]. 国际城市规划 :1-16[2022-06-01].http://kns.cnki.net/kcms/detail/11.5583.TU.20210415.1723.002.html.

[92] 王颖楠，陈朝晖 . 北京现代化城市治理体系中的设计治理探索：基于海淀街镇责任规划师组织架构的研究 [J]. 北京规划建设，2021(02):114-118.

[93] 自然资源部 . 责任规划师来啦 [EB/OL]. [2021-04-29].https://m.thepaper.cn/baijiahao_12457212.

[94] 唐燕，张璐 . 北京街区更新的制度探索与政策优化 [J]. 时代建筑，2021(04):28-35.

[95] 赵蕊 . 公众参与视角下的责任规划师制度践行与思考 [C]//. 活力城乡 美好人居——2019 中国城市规划年会论文集（14 规划实施与管理）.2019:608-617.

[96] 田铮，尹飞 . 基层社区治理格局的新架构：多元治理主体的视角 [J]. 山东科技大学学报（社会科学版），2018，20(06):97-103.

[97] 边防，吕斌 . 基于比较视角的美国、英国及日本城市社区治理模式研究 [J]. 国际城市规划，2018，33(04):93-102.

[98] 张雪霖 . 社区居委会去行政化：四轮改革及其运作机制 [J]. 中共杭州市委党校学报，2021(05):53-62.

[99] 马全中 . 中国社区治理研究：近期回顾与评价 [J]. 新疆师范大学学报（哲学社会科学版），2017，38(02):93-104.

[100] 阎耀军，李佳佳 . 英国政府社区治理政策与实践及对我国的启示 [J]. 北京工业大学学报（社会科学版），

2014，14(04):8-11+38.

[101] 滕尼斯．共同体与社会 [M]．林荣远，译．上海：商务出版社，1999.

[102] 第 103 街社区花园 [EB/OL].[2021.8.25].http://www.ideabooom.com/8452.

[103] 让家岛成为所有人的家：《社区设计》案例介绍 [EB/OL].[2021-08-25].https://communitytaiwan.moc.gov.tw/Item/Detail/ 让家岛成为所有人的家：《社区设计》案例介绍 .

[104] 王珏青．国内外社区治理模式比较研究 [D]．上海：上海交通大学，2009.

[105] 方田红，杨昌宇．新加坡社区更新经验及其启示 [J]．全球城市研究（中英文），2021，2(02):84-93+192.

[106] 侯晓蕾，苏春婷．基于人民城市理念的老旧社区公共空间景观微更新——以北京市常营小微绿地参与式设计为例 [J]．园林，2021，38(05):17-22.

[107] 苏春婷，侯晓蕾．老旧小区公共空间参与式景观更新探索：以北京常营福第社区小微绿地提升为例 [J]．公共艺术，2021(01):36-44.

[108] 张俊．缘于小区公共空间引发的邻里冲突及其解决途径——以上海市 83 个小区为例 [J]．城市问题，2018(03):76-81.

[109] 马宏，应孔晋．社区空间微更新 上海城市有机更新背景下社区营造路径的探索 [J]．时代建筑，2016(04):10-17.

[110] 方付建．共建共治共享视域下社区网格化管理创新研究——基于武汉"微邻里"的分析 [J]．长江论坛，2021(03):46-51.

[111] 罗吉，吴涵，彭阳．共治共享理念下的社区规划探索——以武汉水陆社区微改造为例 [J]．城市建筑，2020，17(34):52-59.

[112] 付春华．城市社区多主体协同治理模式研究——基于"共建共治共享"理念 [J]．城市学刊，2020，41(05):30-33.

[113] 赵丛霞，周鹏光．公众参与社区更新机制比较研究 [J]．低温建筑技术，2020，42(07):10-15+35.

[114] 徐文舸．城市更新投融资的国际经验与启示 [J]．中国经贸导刊，2020(22):65-68.

[115] 刘源鑫，崔智恒．新时代城市社区治理问题及策略分析 [J]．黑龙江人力资源和社会保障，2022(13):21-23.

[116] 宋桐庆，朱喜钢．失落的城市街道空间 [J]．现代城市研究，2011，26(2):86-91.

[117] 赵莹莹．安贞街道老旧小区将迎有机更新 [EB/OL].[2021-01-27]http://www.xinhuanet.com/house/2021-01/27/c_1127029242.html.

[118] 李云辉．慢行再造系列讨论一：完整街道发展综述 [EB/OL]. [2017-07-21].https://www.sohu.com/a/159118594_748407.

[119] 李晖．城市公共空间中街道空间的构筑 [J]．云南建筑 (5):3.

[120] 段莹，辛兰，马丽．《西安市街道设计导则》的创新与实践 [J]．规划师，2020(增刊 2）：139-144.

[121] 梁晓琳．健康视角下的慢行交通规划设计探究 [J]．城市建筑，2020，017(002):37-38.

[122] 杨莉．高密度城市开发地区慢行系统发展策略研究 [J]．交通与运输，2021，34(S1):187-191.

[123] 王青．"城市双修"理念下昆明市主城区消极空间的修补策略研究 [D]．昆明：昆明理工大学，2018.

[124] 张永亮．人行天桥设计浅析 [EB/OL].[2020-09-02].http://www.aisoutu.com/a/11353.

[125] 人杰地灵，小西天 [EB/OL]. (2018-09-05)[2021-07-28].https://www.sohu.com/a/252039023_241349.

[126] 老北京的故事（三十）小西天 [EB/OL]. (2017-02-25)[2021-07-28]. http://blog.sina.com.cn/s/blog_14204dd260102xamd.html.

[127] 北京小西天——电影里的极乐世界 [EB/OL]. (2017-02-22)[2021-07-28]. https://www.douban.com/note/607725787/.

[128] 中国电影资料馆：从神秘档案机构到"观影圣地" [EB/OL]. (2018-10-18)[2021-07-28]. https://culture.gmw.cn/2018-10/18/content_31770918.htm.

[129] 李倞，杨璐．后疫情时代风景园林聚焦公共健康的热点议题探讨 [J]．风景园林，2020，27(09):10-16.

[130] 刘滨谊．现代风景园林的性质及其专业教育导向 [J]．中国园林，2009，25(02):31-35.

[131] 陈娟，曾昭君．秘密花园：基于综合能力培养的风景园林专业实践教学探 [J]．现代园艺，2021，44(01):175-177.

[132] 张洪波，郑志颖，崔巍，薛冰，王国玲．风景园林专业教育实践教学体系研究 [J]．城市建筑，2021，18(04):33-35+48.

[133] 成实，张潇涵，成玉宁．数字景观技术在中国风景园林领域的运用前瞻 [J]．风景园林，2021，28(01):46-52.

[134] 刘颂，章舒雯．数字景观技术研究进展——国际数字景观大会发展概述 [J]．中国园林，2015，31(02):45-50.

[135] 陈弘志，林广思.美国风景园林专业教育的借鉴与启示 [J]. 中国园林，2006(12):5-8.

[136] 陈广凤，冯建英，李冬梅，郑芳，刘丽霞."互联网＋"背景下课堂教学模式的改革研究——以风景园林专业人才培养为例 [J]. 现代园艺，2021，44(07):197-198+200.

[137] 洪亮平，赵茜.从物质更新走向社区发展——旧城社区更新中城市规划方法创新 [M]. 北京：中国建筑工业出版社，2016.

[138] 刘佳燕，王天夫等.社区规划的社会实践——参与式城市更新及社区再造 [M]. 北京：中国建筑工业出版社，2019.

[139] [美] 哈里森·弗雷克，生态社区营造——可持续的一体化城市设计 [M]. 南京：江苏凤凰科学技术出版社，2021.

[140] 匡晓明，李崛，陆勇峰.基于"资产为本"理论的老旧社区更新路径与实践 [J]. 规划师，2022，351(03):82-88.

后记

　　作者团队任职于北京林业大学风景园林专业，是风景园林专业背景下的教育实践者。非常荣幸，于 2019 年春天，被聘为北京市海淀区责任规划师高校合伙人的十三个团队之一，在北太平庄街道服务，能够有机会参与北京的城市更新具体工作。借由这个契机，让团队能够扎根于街道，与北太平庄街道办事处规划科张浩、王文煊、王旭东等同志一起，为北太平庄街道的多个社区公共空间，出谋划策。在这里，要感谢北京市规划和自然资源委员会海淀分局、北京市海淀区北太平街道办事处给予团队的工作平台。

　　本书要尤其感谢我们的合作伙伴赵新越，她是北京市市政工程设计研究总院的规划师，具有专业的规划功底与宏观视野。作为第一批海淀责任规划师聘请的街道责任规划师和高校合伙人，我们从陌生到彼此亲密无间地顺畅合作，心领神会。因为我们都拥有着共同的初心与目标，也是责任规划师和高校合伙人的使命——更好地服务社区更新，将北京最新的城市规划与思想上传下达，让老百姓知晓，将自己所学的规划设计知识和技能，应用在基层，为老百姓服务。在这个信念下，我们携手完成本书里的大量公众参与活动。"共筑北太"是我们一起推出的系列公众参与活动，通过讲座、谈话、居民参与设计等形式，了解居民对社区空间的真实需求。在这个过程中，通过不断的磨合，最终得到了社会和居民的认可，取得了良好的效果。还要感谢杨淑芹、毛浩铭、金丽丽等社区工作者，给予团队的大力支持。

　　本书要感谢参与项目实践的北京多义景观规划设计事务所的林箐、李洋、华锐、许璐、金佳鑫、韩宇、姚鸿飞、常弘、王譞等人，以及北京市建筑设计研究院的吴霜、李小滴、邹啸然、屈振韬等人，他们具有专业和扎实的规划设计能力与匠人素养，能够将我们的一切想法实现落地。我们一起探讨形式、材料、功能以及实现的效果，一起去现场与社区、施工团队沟通，过程很辛苦，但都能有所收获。

　　本书还要感谢从 2019 年至今，参与团队的每一位学生，他们是张慧成、姜政皓、刘心悦、李婷、郭倩、程瑜佳、李禾、陈馨、孟雪、王丽红、曹飞威、王赛、郑灼、王紫鹤、何心怡、徐芯蕾、严格格、张佳楠、张子涵、刘璇、廖柏力、刘淑仪、栾赵添、马晟轶、赵修诚、胡炜玥、贾若等人。他们参与社区调研、实践、公众参与、教学等多个环节，一些活动策划也是来自他们的想法，本书的部分资料整理也是由他们辅助完成。相信，这段与社区居民共度的时光会是他们学生生涯中重要的经历。

　　感谢能翻开本书的读者，我猜想您是心系城市更新、社区公共空间整治的管理者、专家、学者或热心居民。书中提到的一些方法和内容不是那么的完美，有很多瑕疵，感谢您的体谅。这是我们从无到有，摸着石头过河，慢慢实践和总结的小小的阶段心得和体会，希望能得到您的共鸣，也欢迎您提出宝贵的建议和意见。

　　社区更新仍在继续，我们还在探索，不断努力和完善。

王思元

2022 年 5 月 23 日

图书在版编目（CIP）数据

社区公共空间微更新策略与实践 = Strategy and
Practice of Micro-renewal of Community Public
Space / 王思元，王向荣著 .—北京：中国建筑工业出
版社，2022.12
　　ISBN 978-7-112-28151-0

Ⅰ. ①社⋯　Ⅱ. ①王⋯　②王⋯　Ⅲ. ①社区—城市空
间—建筑设计—研究　Ⅳ. ① TU984.11

中国版本图书馆CIP数据核字（2022）第209602号

责任编辑：杜　洁　李玲洁
责任校对：李美娜

社区公共空间微更新策略与实践
Strategy and Practice of Micro-renewal of Community Public Space

王思元　王向荣　著
＊
中国建筑工业出版社出版、发行（北京海淀三里河路9号）
各地新华书店、建筑书店经销
北京海视强森文化传媒有限公司制版
北京中科印刷有限公司印刷
＊
开本：787毫米×1092毫米　1/16　印张：13½　字数：313千字
2022年12月第一版　2022年12月第一次印刷
定价：**58.00**元
ISBN 978-7-112-28151-0
　　　（40217）